经典篇

撒玛 主编

# 藏族服饰文化

寻美已流传千年的时尚
感受被藏装惊艳的时光

西藏人民出版社

## 图书在版编目（CIP）数据

藏族服饰文化 / 撒玛主编 . -- 拉萨：西藏人民出版社，2023.12

（幸福拉萨文库 . 经典篇）

ISBN 978-7-223-07583-1

Ⅰ . ①藏… Ⅱ . ①撒… Ⅲ . ①藏族—民族服饰—服饰文化—介绍—拉萨 Ⅳ . ① TS941.742.814

中国国家版本馆 CIP 数据核字（2023）第 243954 号

### 藏族服饰文化

| | |
|---|---|
| 主　　编 | 撒　玛 |
| 责任编辑 | 姚永奇 |
| 策　　划 | 计美旺扎 |
| 封面设计 | 颜　森 |
| 出版发行 | 西藏人民出版社（拉萨市林廓北路 20 号） |
| 印　　刷 | 三河市祥达印刷包装有限公司 |
| 开　　本 | 710×1040　　1/16 |
| 印　　张 | 10 |
| 字　　数 | 125 千 |
| 版　　次 | 2024 年 10 月第 1 版 |
| 印　　次 | 2024 年 10 月第 1 次印刷 |
| 印　　数 | 01-10,000 |
| 书　　号 | ISBN 978-7-223-07583-1 |
| 定　　价 | 48.00 元 |

版权所有　翻印必究

（如有印装质量问题，请与出版社发行部联系调换）

发行部联系电话（传真）：0891-6826115

# 《幸福拉萨文库》编委会

主　　　任　齐扎拉　白玛旺堆
常务副主任　张延清　车明怀
副　主　任　马新明　达　娃　肖志刚
　　　　　　庄红翔　袁训旺　占　堆
　　　　　　吴亚松


主　　　编　《幸福拉萨文库》编委会
执 行 主 编　占　堆　吴亚松
副　主　编　范跃平　龚大成　李文华
　　　　　　许佃兵　拉　珍　赵有鹏


本 书 主 编　撒　玛

委　　员　张春阳　张志文　杨年华

　　　　　张　勤　何宗英　格桑益西

　　　　　蓝国华　陈　朴　王文令

　　　　　阴海燕　杨　丽　其美江才

　　　　　刘艳苹

# 序言
## XU YAN

　　中国自古以来就是一个以汉族为主体的多民族国家，各民族都有自己的服饰，并且随着时代的变迁而不断改进，形成了当今具有各民族特色的服饰。

　　西藏自治区位于我国西南边陲，面积120多万平方千米，几乎占到我国国土面积的八分之一，素有"世界屋脊"之称，北临新疆，东北接青海，东接四川，东南接云南，南面和西面与缅甸、印度、不丹、尼泊尔等国接壤。这块美丽、富饶的土地，拥有悠久的历史、灿烂的文化、壮丽的自然风光和独特的人文景观。勤劳、勇敢、智慧、朴实的藏族、汉族、门巴族、珞巴族等十几个民族的人民世世代代繁衍生息在这块神奇的土地上，他们之间相伴互助，共同创建美好的家园，在伟大祖国的缔造和发展的历史进程中，做出了不朽的贡献。

　　其中，藏族是西藏所有民族中人口最多、分布最广的民族。在汉文典籍中，西藏称谓变化较多，隋朝时称宝髻、附国、女国、苏毗等；唐朝时称吐蕃；元时称乌斯藏、图伯特、唐古武等；明沿袭旧称，将乌斯藏称为卫藏；到了清朝，有了"西藏"这一称谓，一直沿用至今。

拉萨，在藏语中意为"圣地"，是西藏的首府，也是西藏的政治、经济、文化和宗教中心，是世界闻名的藏传佛教文化圣地。

拉萨有着悠久的历史、秀丽的风光、独特的风俗民情，是中国首批历史文化名城，并先后荣获中国优秀旅游城市、欧洲游客最喜爱的旅游城市、全国文明城市、中国特色魅力城市、中国最具安全感城市、中国幸福城市等荣誉称号。

历经千年的发展，拉萨这座高原文化名城以佛教文化为根基，滋生了诸如唐卡、绘画、藏戏、舞蹈、说唱等多种艺术，积累了光辉灿烂的文化。文化艺术的肥沃土壤让艺术自然地生长，甚至在生活不被人们特意关注的角落里，也会开出惊艳的艺术之花，藏民族的服饰文化就是这样一朵融入人们日常生活中的，却有着奇异香味的艺术奇葩。绚丽多姿的拉萨民族服饰文化以其独有的魅力装点着这座高原古城，成为一道亮丽的风景线，吸引着来到这里和向往着这里的人们的眼球。

服饰是人类不可或缺的生活用品。它伴随着人类的产生而产生，其历史与人类社会发展的历史一样悠久。它随着社会的进步和文明的不断发展而日新月异，是人类物质和精神文化生活的升华与凝结。

服饰最初是为了满足人类的防寒、蔽体的实际需求，是人们生活中与食物同等重要的东西。起初，人们用树皮、树叶等制作衣服，狩猎的成果给他们带来了野兽的皮毛，同时，不同的生活环境、生产方式，也会带来不一样的服饰文化。

拉萨民族服饰文化的形成，首先取决于这里独特的高寒缺氧、阳光充足的自然环境。除了自然环境的因素，拉萨民族服饰文化也经历了一个长期发展、演进、融合的漫长历史过程，它反映了拉萨各民族的悠久历史、地理环境、生产生活方式、民俗、审美观、价值观等，是拉萨历史发展和藏民族文化的一个典型缩影。

拉萨民族服饰文化是藏族文化的重要组成部分，是经过千余年历史发展的结晶。丰富多彩的藏族服饰，是藏民族创造的一种独特的文化和艺术。

拉萨服饰文化对当代艺术、政治、经济、文化、教育等都产生了深远的影响。

《藏族服饰文化》课题的开启和运作，正是拉萨市委、市政府对于这种经典文化的保护、传承，意义深远。

课题组

2015年3月1日

# 目录
## MU LU

**第一章 藏族服饰文化的形成和发展**

藏族服饰文化的雏形时期及特征 / 002

藏族服饰在青藏高原的逐渐形成与发展 / 004

藏族服饰与文化交融的具体体现 / 005

藏族服饰文化在不同历史时期的发展 / 007

**第二章 藏族服饰文化概说**

藏族服饰的色彩文化 / 017

藏族服饰的材质文化 / 029

藏族服饰的艺术特色 / 043

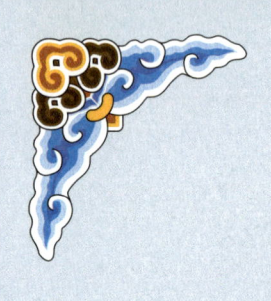

第三章　藏族服饰中的纹样文化

藏族服饰纹样的文化内涵 / 051

藏族服饰纹样的种类与特点 / 055

第四章　藏族服饰文化的典型部件与工艺

藏袍：流动的色彩与深沉的文化 / 063

腰带 / 067

藏靴：穿越时空的足下艺术 / 071

坎肩：风情与故事 / 076

帮典：藏族文化瑰宝与叙事艺术 / 082

第五章　饰品的韵律与象征

藏族饰品的起源与历史 / 089

饰品的种类与特色 / 090

饰品的制作工艺 / 096

饰品的佩戴习俗 / 098

饰品的象征意义 / 100

## 第六章　藏族服饰的剪裁与缝制

藏族服饰剪裁的历史传承与技艺特点 / 105

剪裁过程中的测量方法与技巧分享 / 106

缝制工艺的基础步骤与操作规范 / 107

藏族服饰的缝制线迹选择与工艺细节 / 108

缝制中的色彩搭配与图案设计原则 / 109

剪裁技巧与尺寸把握 / 110

缝制工艺与细节处理 / 112

## 第七章　藏戏服饰

藏戏服饰 / 115

藏戏服饰的色彩语言 / 117

藏戏服饰的制作工艺 / 119

藏戏服饰的角色区分 / 122

藏戏面具：传统艺术的神秘面纱 / 125

## 第八章　新时期藏族服饰文化的新趋势：传统与现代的交融

新时期藏族服饰面临的挑战 / 129

藏族服饰文化的现代转型 / 134

藏族服饰文化的保护与推广 / 137

藏族服饰文化未来的发展趋势 / 141

# 第一章
DI YI ZHANG

藏族服饰文化的形成和发展

藏族服饰是伴随着生活在青藏高原的人类的产生而产生的，服饰的产生甚至早于藏族这一民族的产生，非常久远和古老。藏族服饰的起源与发展深受青藏高原特殊地理环境的变迁、生产生活的发展、宗教信仰的变化以及文化交流的影响，这一文化样式的发展，经历了一个漫长的历史过程，才有今天这样的高度发展的现状。

综合西藏的考古研究，藏族服饰的雏形可能源自新石器时代的青藏高原居民（卡若遗址），这些服饰主要以动物皮毛为材料，以抵御高海拔地区的严寒气候。随着青藏高原的游牧文明、农耕文明的发展，羊毛、棉布、丝绸等材料逐渐被采用，现代文明和现代产业的发展更是促进了服饰材质的多样化和服饰样式的逐渐增多，服饰制作工艺也形成体系。

# 藏族服饰文化的雏形时期及特征

藏族服饰文化的雏形时期无疑是其发展中的一个不可或缺的阶段。这一时期的服饰，更多带有取材自然、适应自然的因素，也体现了在那个特定时期人们对服饰文化的理解，奠定了藏族服饰文化发展的根基。

雏形时期的藏族服饰，从取材来讲，主要取自狩猎或者砍伐的结果，如动物毛皮、植物枝叶等自然材料，这些材料易于获取，加工程序较为简单，但保暖性能和实用性可观，在一定程度上满足了当时人们的需求。

在款式上，由于取材的有限性和制作工艺的相对简单，雏形时期的藏族服饰，男性服饰多为长款，以宽大的袖子和长及脚踝的设计为主要特征，这种设计既保证了人们手脚四肢有足够的活动空间，也保障了服饰的保暖效果。女性服饰则相对精致，已经出现对细节的处理、装饰元素的运用，更加符合穿着女性的性别特征。这些服饰在色彩上主要以材质本来的颜色为主，如羊毛的白色、皮质的黑色、植物的绿色等，既能适应青藏高原地区的高寒缺氧、瞬息多变的气候特点，也体现了当时人们沉稳内敛、随遇而安的性格特征。

值得一提的是，这一时期的藏族服饰在工艺上也展现出了人类智慧的灵光。虽然当时的生产能力极低，但是藏族人民在服饰制作上依然开始注重手工技艺的运用，他们通过编织、缝制等工艺手段（卡若遗址的考古发现，那个时期已经出现石头制作的编针），制作出的服饰，还带有各种纹样，虽然简单却富有寓意，保暖而不失美观，体现了藏族人民的智慧眼光和对生活的热爱。

此外，雏形时期的服饰文化还受到了当时社会文化的影响，尤其是藏族人民的原始宗教信仰也深刻影响着服饰的设计和制作。例如，他们在服饰上绣制朴素信仰的纹样和符号，以表达对超自然力量的虔诚和敬畏。随着社会等级制度的出现，藏族服饰也反映着社会的等级制度和身份标识。不同的人穿着不同款式和材质的服饰，以彰显自己的身份和地位。

藏族服饰的雏形时期以其独特的风格和特征，为藏族服饰文化的发展奠定了坚实的基础。这一时期的服饰不仅帮助人们适应了当时高原地区的自然环境和社会生产生活需求，还展现了藏族人民勤劳智慧、崇尚自然、顺应自然、适应自然的品质和精神风貌。

# 藏族服饰在青藏高原的逐渐形成与发展

藏族服饰在青藏高原的逐渐形成与发展，是随着藏民族生产生活的延续和文化的发展而发展的，是勤劳智慧的藏族人民长期生产、生活的生动文化的凝结和体现。青藏高原独特的自然环境，为藏族服饰文化的形成提供了丰富的素材和灵感。这里的高寒缺氧、风云多变的气候、广袤的草原、巍峨挺立的群山，共同促成了藏族服饰在保暖性、实用性和审美性上达到了高度完美的平衡。例如，藏族长袍的宽大设计和多种功能，让穿戴者能够完全适应高原地区白天日照强、昼夜温差大的气候特点，这充分体现了藏族人民对自然的敬畏和顺应。

随着生产的发展和社会的进步，藏族人民对自然环境的理解越来越深刻，藏族服饰也在不断地更新和换代，经过一代一代人的智慧积淀，藏族服饰在青藏高原逐渐形成了自己独特的风格和特点，成为藏族文化发展中一颗璀璨的明珠。在款式上，藏族服饰开始注重线条的流畅和色彩的搭配，这些款式既体现藏族人民的审美观念，又彰显了高原地区的生活特色。

在服饰的纹样和色彩上，藏族人民巧妙地融入了生存哲学和信仰文化的元素，使得藏族服饰不仅具有实用性，还逐步诞生出深厚的文化意蕴，最终形成了丰富多彩的服饰文化体系。

总的来说，藏族服饰在青藏高原的逐渐形成与发展，是社会生活、自然环境、历史文化和精神信仰等多重因素共同作用的结果。它不仅是藏族人民智慧的结晶，也是青藏高原独特文化的生动体现。在今天，藏族服饰依然保持着其独特的魅力和价值，成为展示藏族文化的重要载体。

## 藏族服饰与文化交融的具体体现

藏族服饰文化是藏民族文化的重要组成部分，在藏族传统文化的滋养下不断发展，同时又推动藏族文化的不断革新与发展。这种水乳交融的关系长期存在，形成了文化的动态交融与发展。

这种交融体现在多个层面，其中最为显著的是对所处时代文学艺术风格的借鉴与融合。尤其是在服饰满足基本的保暖需求之后，就开始往美学方面不断发展。例如，在藏族服饰文化中，我们经常可以看到花朵、祥云、火焰、图腾等纹样元素的运用，这些纹样不仅具有装饰性与美感，更承载着深厚的时代文化意蕴，代表了那个时代人们对于美的考量和追求。据考古学家研究，服饰纹样在藏民族的早期服饰中就已出现，并随着历史的演进逐渐丰富和完善。这些纹样的灵感来源于古代朴素信仰、艺术和生产生活，通过服饰这一载体，将活生生的人类生活场景及文化发展的精髓传递给世人。

此外，藏族服饰的材质不断丰富和工艺技术的不断完善也深受时代生产和社会生活的影响。早期的藏族人民利用当地的自然资源，如羊毛、牦牛毛等，制作出具有地域特色的服饰。这些服饰不仅保暖实用，还通过恰当的编织和简单的色彩搭配，展现出独特的艺术魅力，后来人们通过对原材料的再加工，形成了半成品的材质，通过半成品的材质又开发更多样式和用途的新型服饰。例如，藏族服饰中常见的"氆氇"面料，就是采用传统工艺织造而成的半成品材质，其色彩鲜艳、质地柔软，深受藏族人民的喜爱。

人类在早期，限于对自然和社会的认识的局限性，对朴素信仰的认识也不足。但是，为了寄托和表达某种诉求，人们对朴素信仰产生了

独特感情。在藏族服饰与时代文化的交融过程中，信仰文化的作用和影响也不能忽视，尤其对藏族服饰的款式、色彩和纹样等方面都产生了深远、深刻的影响，同时也帮助服饰文化形成了独特的审美风格和文化内涵。例如，在宗教节日或仪式中，藏族群众会穿着色彩鲜艳、纹样别致的带有宗教文化印记的服饰。

  藏族服饰与时代文化的交融体现在多个方面，除了信仰，还包括对当时多种艺术门类如音乐、绘画、舞蹈、建筑等风格的借鉴，也包括对材质工艺的传承等。这种交融不仅丰富了藏族服饰的文化内涵，更使其成为文化传承和弘扬藏族文化的重要载体。

# 藏族服饰文化在不同历史时期的发展

藏族服饰的风格变化与人类社会的历史演进紧密相连，尤其是在与祖国内地和周边民族的联系中互相影响，不断发展。

吐蕃地方政权时期：这一时期是藏族历史上的一个重要阶段，政治、经济、文化、军事、社会等都处于快速发展和高度繁荣的阶段，因此，其服饰文化也在这一时期得以丰富和发展。由于历史久远，对于吐蕃时期藏族服饰的详细描述和图像资料有限，我们对这一时期的服饰了解主要来自考古发现、古代文献和壁画的描绘。

这一时期，藏族服饰文化得到了显著发展和丰富，形成了独特而鲜明的风格。这一时期的藏族服饰在款式、色彩、饰品以及象征意义等方面都展现出深厚的文化内涵和民族特色。

在款式上，藏族长袍是吐蕃时期藏族服饰的代表。这种长袍通常较为宽松，长度及膝，袖口较窄，领子较高。男式长袍的颜色以深色为主，如黑色、蓝色、灰色等，显得庄重而深沉；而女式长袍则更注重色彩和图案的搭配，展现出女性的柔美与多姿。此外，男女长袍上都绣有各种吉祥图案和花纹，如龙、凤、鸟、鱼、花、草等，这些图案不仅美观，还寓意着吉祥、美好和幸福。

吐蕃时期的藏族服饰还具有一定的等级差异。从敦煌壁画中可以看到，只有赞普才能使用三瓣宝冠箍住的有凹槽装饰的无檐帽，通常高于一般人的帽子；而赞普的侍从或臣下则往往戴平顶无檐帽。这种服饰的等级差异反映了当时社会的等级制度和权力结构。

在材质的选择上，吐蕃时期的藏族服饰以羊毛、羊绒、牦牛毛等天然纤维为主要原料。这些材料不仅保暖性能好，而且具有浓厚的民族特色。这些天然纤维经过精细地加工和编织，形成了各种纹理清晰、质感丰富的服饰面料，使服饰在外观上更具特色和魅力。

除了日常穿着的服饰外，吐蕃时期的藏族还有一套独特的节日盛装。这些盛装通常更为华丽、繁复，色彩更为鲜艳，饰品也更为丰富。在节日庆典时，人们会穿上这些盛装，载歌载舞，庆祝丰收、祈福、婚嫁等喜事，展现出藏族人民的热情和活力，民族特色已然形成。

总的来说，吐蕃时期的藏族服饰文化是一个丰富而多彩的领域，它蕴含着深厚的历史底蕴和民族特色。通过对这一时期的藏族服饰进行研究，我们可以更好地了解藏族人民的历史、文化和生活方式，感受他们的智慧和创造力。

宋朝时期，中原地区与青藏高原地区的政治经济交流达到了前所未有的高度。在政治层面，宋朝政府通过设立茶马互市等机制，加强了与青藏地区的联系。茶马互市不仅促进了双方的经济往来，更在文化交流中扮演了重要角色。据史书记载，宋朝每年通过茶马互市向青藏地区输送大量茶叶，同时换回马匹等战略物资，青藏地区的特产如羊毛、药材等通过贸易渠道进入中原市场，丰富了宋朝的物资供应。而中原地区的丝绸、瓷器等工艺品也深受藏族人民的喜爱，成为贸易中的热门商品。这种双向的贸易往来不仅促进了双方的经济繁荣，也加强了民族间的相互了解和友谊。这种互利共赢的贸易模式极大地推动了双方的政治稳定、经济发展、文化繁荣。

此外，宋朝与青藏地区在文化层面已然深度融合。藏族服饰文化在宋朝的传播与影响，正是这一融合交流的重要体现。藏族服饰以其独特的材质、色彩和纹样设计，吸引了中原地区人民的关注与喜爱。同时，中原地区的服饰文化也对藏族服饰产生了影响，双方在服饰风格上相互借鉴、融合创新。

在宋朝时期，藏族服饰文化得到了广泛的传播，产生了深远的影响。随着宋朝与藏族地区的政治经济交流日益频繁，藏族服饰逐渐走进了

中原地区，成为当时社会的一种时尚潮流。据史书记载，宋朝时期，藏族服饰在京城及各大城市的市场上备受追捧，其独特的风格和精美的工艺吸引了众多汉族士人和商贾的目光。

藏族服饰在宋朝的传播不仅体现在市场的热销上，更在于其文化价值的被认可。当时，许多文人墨客都对藏族服饰赞不绝口，纷纷以诗词歌赋的形式赞美其独特魅力。如著名诗人苏轼曾在其诗中写道："藏衣华丽如云霞，色彩斑斓映日华。"这不仅是对藏族服饰的赞美，更是对其文化价值的肯定。

藏族服饰在宋朝的影响还体现在其对汉族服饰的借鉴与融合上。在藏族服饰的影响下，汉族服饰在色彩搭配、纹样设计等方面也进行了创新。例如，汉族服饰开始借鉴藏族服饰中的色彩对比和纹样组合技巧，使得汉族服饰在保持传统风格的同时，也增添了几分独特的民族风情。

这一时期的藏族服饰的特点主要表现在以下几个方面。

男装：宋朝时期的藏族男性通常穿着长袍，这种长袍被称为"藏袍"，袍身宽大，袖口肥大，一般以羊毛或棉布制成，颜色多为黑、藏青、深棕等。他们会在腰间束一条宽大的腰带，既可以调整袍子的长度，也起到了装饰的作用。头戴毛织的圆顶帽，脚穿长筒皮靴。

女装：这一时期女性的服饰则更为丰富多彩。她们也穿着长袍，但袍身更为紧身，袖口和下摆常常绣有鲜艳的花纹。女性的藏袍通常会搭配一条长围裙，称为"帮典"，颜色和图案丰富，是藏族女性服饰的一大特色。发型上，她们会将头发梳成多个小辫，再用丝线装饰。

饰品：宋朝时期的藏族男女都喜欢佩戴各种饰品，如银饰、绿松石、珊瑚等，这些饰品不仅用于装饰，也象征着财富和地位。

宋朝时期的藏族服饰在保留传统特色的同时，也受到了中原文化的影响，变得更加丰富多彩。同时，由于地域环境和生活习惯，他们的服饰设计也充分考虑了保暖和方便劳作的需求。

元朝时期的藏族服饰文化，是在特定的历史背景下，由多种因素共同塑造和影响的产物。这一时期，随着元朝对西藏管辖的加强和行政体系的完善，藏族服饰文化在继承传统的基础上，受到了中原及蒙古民族文化的深刻影响。

首先，从政治背景来看，元朝在西藏分封了各级官吏，如安抚使、招讨使、万户等。这些官吏的服饰不仅体现了其身份和地位，还反映了元朝对藏族地区的政治统治和文化影响。不同品级的官吏穿着不同花饰的藏袍，戴着不同的顶冠，这种服饰的差异化不仅体现了元朝的统治秩序，也促进了藏族服饰文化的多样化发展。

其次，元朝时期藏族服饰文化的变化还受到了中原及蒙古民族文化的影响。例如，蒙古族服饰中的一些元素被融入藏族服饰中，如蒙古式的圆冠"江达"和平顶围穗蒙古帽"索夏"等。这些新的服饰元素不仅丰富了藏族服饰的样式，也反映了元朝时期多民族文化的交流与融合。

此外，信仰文化也是影响元朝时期藏族服饰文化的重要因素。随着佛教在西藏的中兴，严格的僧侣等级制度逐渐形成，宗教文化以多种形式与手段渗透进服装、鞋帽之中。宗教符号和佛教法宝等图案被广泛应用于藏族服饰中，不仅体现了藏族人民的宗教信仰，也增加了服饰的文化内涵和艺术价值。

在服饰款式和特色方面，元朝时期的藏族服饰依然保持了其传统的大襟、宽腰、长袖、无扣等基本特征。藏袍作为藏族的主要服装款式，其种类和质地也呈现出多样化的特点。锦缎、皮面、氆氇、素布等不同质地的藏袍，既适应了藏族人民的生活需要，也体现了其独特的审美观念。

元朝时期的藏族服饰在色彩运用上也颇具特色。他们善于运用鲜艳的色彩和对比强烈的图案来装饰服饰，使得整个服饰看起来既醒目又富有活力。这种色彩运用的特点不仅体现了藏族人民对生活的热爱和对美的追求，也反映了其独特的审美观念和民族文化传统。

元朝时期的藏族服饰还承载着丰富的文化内涵和象征意义。不同的服饰款式、质地、色彩和图案都代表着不同的身份、地位、信仰和审美观念。例如，贵族和官员的服饰通常更为华丽和精致，而普通百姓的服饰则更注重实用性和舒适性。同时，一些特定的图案和符号也被视为吉祥和神圣的象征，被广泛应用于各种服饰中。

综上所述，元朝时期的藏族服饰文化是在政治、文化、宗教等多种因素的共同作用下形成的。它既继承了藏族服饰文化的传统特色，又吸收了中原及蒙古民族文化的精华，展现出了独特的民族风格和时代特征。同时，这一时期藏族服饰文化的发展也为后来的明清两朝治藏体系奠定了基础，对藏族服饰文化的传承和发展产生了深远的影响。

明朝时期，藏族地区处于相对稳定但充满变革的政治经济环境中。政治上，明朝政府通过设立土司制度，对藏族地区进行间接统治，既尊重了藏族地区的传统习俗，又确保了中央政府对边疆地区的控制。经济上，随着明朝与藏族地区的贸易往来日益频繁，藏族地区的经济得到了显著发展。据史书记载，明朝时期，藏族地区的畜牧业、农业和手工业均有所发展，特别是畜牧业，成为藏族地区的主要经济支柱。同时，明朝政府还通过减免税收、鼓励贸易等措施，促进了藏族地区的经济发展。

明朝时期藏族服饰在款式、色彩、材质等方面都发生了显著的变化。在款式上，藏族服饰逐渐吸收了汉族服饰的元素，如内地一些款式的长袍、马褂等在藏族地区开始流行，同时，藏族服饰也保留了其独特的民族特色，如藏袍的宽松肥大、长袖高领等特点依然鲜明。在色彩上，藏族服饰的色彩运用更加丰富多样。明朝时期，藏族服饰的色彩不再局限于传统的蓝、白、红等几种颜色，而是开始尝试使用更多的色彩进行搭配。这种变化不仅体现在服饰的整体色调上，还在细节处得到了充分体现，如服饰上的刺绣、纹样等。在材质上，藏族服饰的材质也发生了变化。明朝时期，随着汉族与藏族之间的贸易往来日益频繁，

汉族的丝绸、棉布等材质开始传入藏族地区。这些材质的引入不仅丰富了藏族服饰的材质选择，也提高了藏族服饰的舒适度和美观度。

明朝时期，藏族男子服饰以其独特的款式和特色，展现了深厚的文化底蕴和民族风情。在款式上，男子服饰注重实用与美观的结合，以长袍、马褂、马甲等为主要款式。长袍多长及脚踝，宽松舒适，便于行动；马褂短小精悍，适合骑马或劳作时穿着；马甲则采用皮革或布料制成，既保暖又能防护。在特色方面，藏族男子服饰以其鲜明的色彩和独特的装饰而著称。他们善于运用各种颜色和纹样来装饰服饰，如红色、蓝色、黄色等鲜艳的色彩，以及云纹、莲花纹等富有民族特色的纹样。这些装饰不仅使服饰更加美观，也寓意着吉祥、幸福和美好的愿望。此外，藏族男子还喜欢在服饰上佩戴各种饰品，如银饰、珠宝等，以彰显自己的身份和地位。

藏族女子的服饰款式与特色独具一格，充分展现了藏族女性的优雅与魅力。当时，藏族女子的服饰以长袍为主，其款式宽松舒适，既符合高原地区的气候特点，又体现了藏族女性的端庄与大方。长袍的材质多为羊毛或牦牛毛，这些天然材质不仅保暖性能优越，而且具有独特的民族风情。除了长袍外，藏族女子还常佩戴各种饰品，如项链、耳环、手镯等。这些饰品多以金、银、珍珠、宝石等材质制成，设计精美，工艺精湛。这些饰品不仅增添了藏族女子的风采，也反映了当时藏族社会的经济发展水平。藏族女子的服饰在色彩和纹样上也极具特色。她们善于运用各种鲜艳的色彩，如红、黄、蓝、绿等，使得服饰看起来既活泼又富有民族特色。同时，服饰上的纹样也丰富多彩，既有抽象的几何图形，也有具象的自然景物和动物形象，这些纹样不仅美观大方，而且寓意深刻。

清朝时期，为了加强中央对西藏的统治，藏族贵族和僧侣的服饰中还融入了一些汉族的元素，如龙纹、云纹等，但这些改变并未影响藏族服饰的基本特征和风格。

清朝时期的藏族服饰以其独特的设计、鲜艳的色彩和丰富的象征意义，展现了藏族人民的生活方式、审美观和深厚的文化传统。在服装的配色上，藏族服饰也有一定的讲究。一般来说，颜色的选用与藏族的信仰和自然环境有关。红色象征火焰，寓意驱邪避凶，也代表佛教中的智慧；绿色象征草原和生命，寓意生机与和平；黄色象征土地和财富，也与佛教的教义相关；蓝色象征天空和无限，寓意纯洁和自由。这些颜色的搭配，使得藏族服饰在视觉上既醒目又和谐。

藏族服饰的独特魅力与价值不仅体现在其外在形式上，更在于其深厚的文化内涵和精神寓意。它不仅是藏族人民身份认同和文化传承的重要载体，也是中华民族多元一体文化格局中的重要组成部分。在清朝时期，藏族服饰通过与其他民族服饰的交流与融合，不断吸收新的元素和创意，使得其魅力与价值得以进一步彰显。

清朝时期藏族服饰的独特魅力不仅展现了藏族人民的智慧和创造力，也体现了中华民族文化的多样性和包容性。在今天，我们仍然可以从藏族服饰中汲取灵感和启示，为现代服饰设计注入新的活力和创意。

近现代以来，藏族服饰经历了显著的变革与融合，既保留了传统特色，又融入了现代元素。随着社会的开放和经济的发展，藏族服饰在款式、材质和色彩等方面都发生了显著变化。在款式上，近现代藏族服饰逐渐摒弃了过于烦琐的装饰，更加注重实用性和舒适性。例如，传统的长袍逐渐演变为更加修身、便捷的款式，方便人们在日常生活中穿着。同时，藏族服饰也吸收了现代服装的设计理念，推出了更多时尚、个性化的款式，满足了不同人群的需求。

在材质方面，近现代藏族服饰也实现了从传统到现代的转变。传统的藏族服饰多采用羊毛、牦牛毛等天然材质，虽然保暖性能良好，但重量较大且不易打理。随着科技的发展，现代合成材料逐渐应用于藏族服饰的制作中，如涤纶、尼龙等，这些材料具有轻便、易干、易打理等优点，受到了年轻人的喜爱。此外，一些藏族服饰品牌还尝试将传统材质与现代科技相结合，创造出既具有传统特色又符合现代审美的新材质。

在色彩运用上，近现代藏族服饰也呈现出多元化的趋势。传统的藏族服饰色彩较为单一，以深色系为主。然而，在现代社会中，人们越来越注重个性和时尚，藏族服饰的色彩也逐渐丰富起来。除了传统的深色系外，还出现了许多鲜艳、明亮的色彩，如红色、黄色、蓝色等，这些色彩不仅丰富了藏族服饰的视觉效果，也体现了藏族人民对生活的热爱和追求。

此外，近现代藏族服饰的变革与融合还体现在与其他民族服饰的交流与借鉴上。随着全球化的推进和民族文化的交流，藏族服饰逐渐吸收了其他民族服饰的元素和风格，形成了独具特色的藏族现代服饰。例如，一些藏族服饰品牌在设计上融入了汉族、蒙古族等民族的元素，使得藏族服饰更加多元化和包容性。

近现代藏族服饰的变革与融合是时代发展的必然结果。这种变革不仅保留了藏族服饰的传统特色，还注入了现代元素和时尚气息，使得藏族服饰更加符合现代社会的审美需求和生活方式。同时，这种变革也促进了藏族服饰文化的传承和发展，为藏族文化的繁荣做出了积极贡献。

第二章
DI ER ZHANG

藏族服饰文化概说

藏族服饰文化是藏族文化的重要组成部分，具有独特的魅力和深厚的内涵。它不仅展现了藏族人民的审美观念和生活习俗，还承载着丰富的文化意义和象征意义。通过研究和了解藏族服饰文化，我们可以更深入地了解藏族文化的形成和发展，感受其独特的魅力和价值。

## 藏族服饰的色彩文化

藏族服饰的色彩文化是一种独特而丰富的文化现象。它不仅体现了藏族人民对自然的敬畏和对美的追求，也承载了深厚的文化寓意和宗教信仰。通过了解和欣赏藏族服饰的色彩文化，我们可以更深入地感受到藏族文化的魅力和内涵。

藏族服饰色彩文化源远流长，据史书记载，早在公元 7 世纪，藏族服饰就已开始展现出独特的色彩魅力。随着时代的变迁，藏族服饰色彩文化不断发展和丰富，成为服饰文化的重要组成部分。在漫长的历史长河中，藏族人民通过世代相传的方式，将服饰色彩文化不断传承和发扬。

藏族服饰色彩文化的历史渊源，不仅体现在其悠久的传承，更在于其深厚的文化内涵。在藏族服饰中，色彩的运用往往与社会认同、哲学思考、宗教信仰、自然环境以及社会习俗紧密相连。例如，白色在藏族服饰中占据着举足轻重的地位，它不仅是纯洁与神圣的象征，还承载着藏族人民对美好生活的向往和追求。这种对白色的崇尚，源于藏族人民对自然环境的认识、理解和敬畏。

藏族服饰色彩文化的历史传承还体现在藏族服饰不同种类衣物独特的制作工艺和材质选择上。藏族人民善于从自然取材，通过精湛的纺织和染色技术，制作出色彩鲜艳、质地优良的服饰材料。

藏族服饰色彩文化的地域特色是其独特魅力的重要组成部分，在广袤的青藏高原，由于地理环境、气候条件以及区域文化的差异，藏族服饰的色彩呈现出多样化的特点。例如，在青藏高原海拔较高的地区，由于阳光照射强烈、空气稀薄，藏族服饰多采用鲜艳的色彩，如红色、

蓝色等，以吸引阳光，增加身体的温暖感。而在海拔较低的地区，由于气候湿润、植被茂盛，藏族服饰则更倾向于使用柔和的色彩，如白色、绿色等，以与自然环境相协调。

由于青藏高原地域辽阔，各地的自然资源和生态环境不尽相同，因此藏族服饰的材质也呈现出地域性的差异。例如，在草原地区，羊毛是藏族服饰的主要材料，其色彩多为自然色，如白色、灰色等，既保暖又耐用。而在林区，藏族服饰则可能采用树皮、树叶等植物纤维制成，色彩更为丰富多样。

此外，藏族服饰色彩的地域特色还与其信仰文化和民俗文化紧密相连。在藏族文化中，白色被视为纯洁、神圣的象征，因此白色在藏族服饰中占据了重要的地位。无论是在节日庆典还是日常生活中，藏族人民都喜欢穿着白色的服饰，以表达对神灵的敬畏和对美好生活的向往。同时，藏族服饰中的其他色彩也往往与特定的民俗活动和宗教信仰相关联，形成了独具特色的色彩文化。

综上所述，藏族服饰色彩文化的地域特色是其独特魅力和文化价值的重要体现。通过对藏族服饰色彩的地域特色的深入研究和探索，我们可以更好地理解和体验藏族文化的博大精深，同时也为现代设计提供了宝贵的灵感和启示。

## 一、藏族服饰的色彩文化：白色

在藏族服饰中，白色以其独特的魅力成为一种最为常见的色彩形式。无论是日常穿着还是节日庆典，白色都占据着举足轻重的地位。在藏族女性的传统服饰中，白色的长袍、长裙以及头巾等配件尤为常见，这些白色服饰不仅展现了藏族女性的优雅与端庄，更体现了她们对纯洁与神圣的崇尚。白色在藏族生活中的常见形式多种多样，其中最为典型的如洁白的哈达、白色帐篷、白色长袍等。白色长袍作为藏

第二章 藏族服饰文化概说

洁白的哈达

白色帐篷

族服饰的重要组成部分，通常采用纯白色或带有白色纹样的布料制成，既保暖又美观。

白色在藏族服饰中的常见形式还体现了藏族文化的独特魅力。藏族服饰以其精美的工艺和独特的风格而闻名于世，白色的运用更是为这些服饰增添了一抹亮色。无论是精致的刺绣还是华丽的装饰，白色都能够在其中发挥重要的作用，使藏族服饰更加绚丽多彩。

在藏族服饰中，白色与其他色彩的搭配与对比，不仅丰富了服饰的视觉层次，更体现了藏族人民深厚的文化底蕴和审美观念。以红白搭配为例，红色象征着热情、活力和吉祥，与白色的纯洁、神圣形成鲜明对比，这种搭配在藏族婚礼服饰中

藏族白色长袍

红白相配的结婚照

尤为常见，寓意着新婚夫妇的纯洁爱情和美好未来。在藏族传统婚礼中，新娘通常会选择红白搭配的服饰，以彰显喜庆和吉祥。

除了红白搭配，藏族服饰中白色与蓝色的搭配也颇受欢迎。蓝色代表着天空、湖泊和海洋，与白色的纯净相互映衬，营造出一种宁静、祥和的氛围。这种搭配在藏族男性的日常服饰中较为常见，既体现了男性的沉稳与内敛，又不失藏族服饰的独特魅力。

此外，藏族服饰中白色与金色的搭配也颇具特色。金色象征着尊贵、荣耀和财富，与白色的高雅、圣洁相得益彰。这种搭配在藏族节庆服饰和宗教仪式服饰中尤为突出，不仅彰显了藏族人民的尊贵身份，也体现了他们对宗教的虔诚和敬畏。据观察，在藏族节庆和宗教仪式中，穿着白色与金色搭配服饰的人数占比较高。

蓝白相配的服饰

在藏族服饰中，白色元素的材质选择极为讲究，这既体现了藏族人民对自然材料的珍视，又展现了他们对服饰艺术的独特追求。常见的白色材质包括羊毛、羊绒等高档面料，这些材质不仅保暖性能优越，而且具有天然的色泽和质感，能够很好地展现出白色的纯净与神圣。例如，在藏北地区，由于气候寒冷，人们更倾向于选择保暖性强的羊毛作为白色服饰的主要材质。而在藏南地区，由于气候相对温暖，人们则更喜欢使用质地细腻、光泽度高的羊绒来制作白色服饰。

除了传统的材质选择，现代藏族服饰在白色元素的材质上也进行了创新尝试。设计师们开始尝试将丝绸、棉麻等现代面料与传统材质相结合，创造出既具有民族特色又符合现代审美需求的白色服饰。这些创新材质不仅丰富了藏族服饰的材质选择，也为白色元素的运用提供了更多的可能性。

## 二、藏族服饰的色彩文化：黄色

在藏族服饰文化中，黄色承载着深厚的信仰寓意与信仰表达。作为藏传佛教中的神圣色彩，黄色在藏族服饰中扮演着举足轻重的角色。例如，在藏传佛教中，黄色被视为神圣的象征。因此，在藏族服饰中，黄色常被用于制作僧侣的法衣和信徒的服饰。

在青藏高原地区，宗教界人士在重要仪式或者宗教场合会穿着黄色服饰。这些服饰色彩鲜艳，设计精美，身份标识明显，充分展现了信仰文化。这些黄色已成为信仰文化的一种符号表达，同时也表达了藏族人民对吉祥平安的渴望与追求。

此外，黄色在藏族服饰中的宗教寓意还体现在其象征意义上。在藏族传统文化中，黄色被视为吉祥、幸福的象征，能够带来好运和福祉。因此，在藏族婚礼、年节、庆典等比较庄重和重要的场合，人们往往会选择穿着黄色服饰，以祈求安宁、幸福和吉祥。这种象征寓意不仅丰富了藏族服饰文化的内涵，也增强了藏族人民对传统文化的认同感和归属感。

黄色在藏族服饰中不仅承载着深厚的信仰和象征寓意，更以其独特的审美价值成为藏族文化中的璀璨明珠。在藏族服饰中，黄色往往被用作主色调，其明亮、温暖的色调为服饰增添了活力与生机。

从审美角度来看，黄色在藏族服饰中的应用具有极高的艺术价值。在藏族传统服饰中，黄色常被应用于长袍、马甲等服饰，其鲜艳的色彩与精致的纹样相结合，形成了一种独特的视觉美感。此外，黄色在藏族服饰中的配饰中也得到了广泛应用，如黄色的腰带、帽子、耳环等，这些配饰不仅增添了服饰的华丽感，也体现了藏族人民的审美追求。

黄色女式藏装

  据相关研究表明，黄色在藏族服饰中的审美价值还体现在其文化内涵的传递上。黄色作为藏族文化中的重要元素，其背后蕴含着丰富的历史与文化信息。通过穿着黄色服饰，藏族人民不仅能够表达自己对信仰文化的虔诚与尊重，还能够传承和弘扬本民族的文化传统。这种文化价值的传递使得黄色在藏族服饰中具有了更加深远的意义。

  在现代社会中，黄色藏族服饰的审美价值得到了更加广泛的认可与关注。越来越多的设计师开始将黄色元素融入现代藏族服饰的设计中，通过创新的设计手法和材质选择，使得黄色藏族服饰在保持传统韵味的同时，也具备了现代时尚感。这种创新与融合不仅丰富了藏族服饰的样式与风格，也推动了藏族服饰文化的传承与发展。

## 三、藏族服饰的色彩文化：蓝色

在藏族服饰中，蓝色服饰是一种视觉上的享受。首先，蓝色元素来源于蔚蓝的天空、蓝色的湖泊等自然元素，藏族信仰文化认为，天空是神灵的居所，湖泊则是圣洁的象征，因此，蓝色在藏族服饰中的应用，既是对自然之美的赞美，也是对信仰文化的虔诚表达。

蓝色在藏族服饰中的寓意与象征还体现在其与其他色彩的搭配上。藏族服饰的色彩搭配讲究和谐与对比，蓝色常常与红色、黄色等鲜艳的色彩相搭配，形成强烈的视觉冲击。这种搭配不仅凸显了藏族服饰的鲜明特色，也体现了藏族人民对生活的热爱和对美的追求。

蓝色在藏族服饰中的寓意与象征是丰富而深刻的。它不仅代表了藏

蓝色藏装

族文化的传统与特色，也体现了藏族人民对自然的热爱和对超自然力量的崇拜。在未来的发展中，我们应该继续传承和发扬这种具有民族特色的服饰文化，让更多的人了解和欣赏藏族服饰的魅力。

蓝色在藏族服饰面料中的体现，不仅彰显了藏族文化的深厚底蕴，更通过其独特的色彩语言，传递出藏族人民的情感与信仰。在藏族服饰中，蓝色面料的应用广泛而多样，从深邃的藏蓝到清新的天蓝，每一种蓝色都蕴含着不同的文化内涵和审美价值。

在藏族服饰中，蓝色面料的应用形式也多种多样。例如，在藏袍的设计中，蓝色面料常被用作主色调，搭配以金色、红色等装饰纹样，营造出庄重而华丽的视觉效果。同时，蓝色面料也常被用于制作藏族妇女的头饰、腰带等配饰，以其独特的色彩和质感，增添服饰的层次感和美感。

蓝色在藏族服饰面料中的体现，不仅是对藏族文化的传承和弘扬，更是对美的追求和表达。通过蓝色面料的运用，藏族服饰不仅展现了其独特的民族风格，更在色彩搭配和视觉效果上达到了极高的艺术水平。这种对美的追求和表达，正是藏族文化的重要组成部分，也是藏族服饰得以传承和发展的不竭动力。

从社会功能的角度来看，蓝色藏族服饰在藏族社会中扮演着多重角色。首先，它是藏族人民身份认同和文化归属的重要标识。在藏族聚居区，穿着蓝色服饰的藏族人民往往能够迅速被识别出来，这种认同感有助于加强族群内部的凝聚力和向心力。其次，蓝色藏族服饰在藏族社会交往中发挥着桥梁作用。在节日庆典、婚礼等场合，蓝色服饰往往成为藏族人民展示自己文化特色和传统习俗的重要载体，促进了不同民族之间的文化交流与融合。

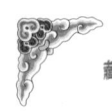

## 四、藏族服饰的色彩文化：红色

在藏族文化中，红色被赋予了深厚的象征意义，它代表着神圣与敬畏。这种观念源自藏族人民对自然和宗教的崇敬。例如，藏传佛教中的五色经幡，红色即象征着火元素，寓意着驱邪避凶，祈求平安。在著名的布达拉宫，红色建筑群落彰显着威严与神圣，象征着佛的无上智慧和力量。此外，藏族传统节日如藏历新年时，人们身着红色盛装，以此表达对新年的美好祈愿和对神灵的敬畏。这种对红色的崇拜，也体现在日常生活中，如僧侣的红衣，不仅代表他们出家人的身份，更象征着他们对佛法的虔诚和对神圣的敬畏之心。

在藏族文化中，红色被赋予了代表力量与热情的深层含义。这种颜色的选择不仅仅是视觉上的冲击，更是精神层面的象征。红色藏袍，以其鲜艳的色彩，彰显出藏族人民坚忍不拔的精神风貌，正如火焰般燃烧，传递着无尽的生命力和积极向上的力量。在藏族的日常生活中，无论是男性还是女性，穿着红色的服饰，都仿佛在向世界宣告他们的热情与活力。在节日庆典中，红色服饰更是成为亮点，舞动的红色衣角如同火焰般跳跃，烘托出浓厚的庆祝氛围，充分体现了藏族文化中对力量与热情的崇尚。

在藏族服饰文化中，红色不仅是一种色彩，更是一种精神象征和文化传承。传统工艺在红色服饰的形成和发展中起到了至关重要的作用。例如，藏族的织布工艺，采用天然的藏红花染料，这种染料不仅色泽鲜艳，持久不褪，还蕴含着对自然的敬畏之情。据史书记载，早在唐朝时期，藏族地区就开始使用藏红花染色，这种工艺代代相传，使得红色藏袍在时间的长河中保持了其独特的魅力。

此外，红色饰品的制作工艺也体现了藏族人民的智慧和艺术才能。以珊瑚、绿松石等宝石镶嵌的红色饰品，每一件都是精心雕琢的艺术品。

这些饰品在设计上往往融入了吉祥的图案和符号，如八吉祥图等，寓意深远，既增添了服饰的华贵感，又承载了丰富的文化内涵。

在藏族的刺绣工艺中，红色也被广泛应用。人们用红色绣线在氆氇、锦缎等面料上绣出的花卉、动物或几何图案，生动活泼，富有立体感。这种工艺使得红色服饰更加丰富多彩，每一件都仿佛在讲述着一段古老的故事。正如藏族谚语所说："一针一线，皆是信仰。"这些红色的刺绣不仅是装饰，更是对藏族历史和信仰文化的深情表达。

红色藏装

此外，红色服饰的穿着习惯也体现在对年轻一代的教育中。孩子们从小就会在父母的引导下，学习如何搭配红色为主的服饰，以及在不同场合下如何得体地穿着。这种教育不仅传授了物质层面的着装知识，更传递了藏族文化的精神内涵，使红色服饰成为传承和弘扬藏族文化的重要途径。

随着时代的进步和文化的交流，藏族服饰中的红色也在不断地与现代元素相融合，展现出新的风貌。现代设计师们将传统的红色与现代的剪裁、面料和装饰手法相结合，创造出既具有藏族特色又符合现代审美需求的服饰作品。这些作品不仅赢得了藏族人民的喜爱，也受到了国内外时尚界的关注。

在未来的发展中，我们期待藏族服饰文化中的红色能够继续发扬光大，为藏族文化的传承和发展注入新的活力。同时，我们也希望更多的人能够了解和欣赏藏族服饰文化中的红色之美，感受其深厚的文化内涵和独特的艺术魅力。

## 五、藏族服饰的色彩文化：紫色

藏族服饰文化中的紫色具有独特的地位和意义。

首先，紫色在藏族服饰中并非随意使用，而是有着明确的穿着规定。在一些宗教派别中，高等级的宗教人士等特殊身份的人可以穿黄色，而普通僧人则只能穿紫色、红色或绛红色。

其次，紫色在藏族服饰中的使用，也体现了藏族人民对色彩的独特审美和偏好。藏族人民在服装色彩的选择上偏爱明亮艳丽且富有张力的色彩，以及反差强烈的色彩组合。紫色作为一种鲜艳且富有神秘感的色彩，自然成为藏族服饰中的重要元素。

此外，紫色在藏族服饰中的应用还与其文化和信仰密切相关。在藏族文化中，紫色可能被视为一种尊贵、神圣的色彩，具有某种特殊的意义或象征。因此，在特定的场合或仪式中，穿着紫色的服饰可能具有特殊的意义和作用。

总的来说，紫色在藏族服饰文化中扮演着重要的角色，既体现了藏族人民对色彩的独特审美和偏好，也反映了其文化和信仰的深厚内涵。

## 藏族服饰的材质文化

在新石器时代，藏族先民就已开始使用羊毛、牦牛毛等天然纤维制作衣物，以适应高原地区寒冷的气候条件。随着历史的演进，藏族服饰逐渐形成了独具特色的地域风格与民族特色。

羊皮袍 　　　　　　　　　　牛皮钱包

在唐代，藏族服饰开始受到中原文化的影响，逐渐融入了丝绸、金银等材质，使得服饰更加华丽与精致。到了明清时期，藏族服饰的款式与色彩更加丰富多样，不仅体现了藏族人民的审美观念，也反映了当时社会的文化风貌。据史书记载，明清时期的藏族服饰在材质、工艺、纹样等方面都达到了较高的水平，成为当时社会的一种时尚潮流。

近代以来，随着西方文化的传入和现代化进程的推进，藏族服饰也经历了一系列的变革与创新。一方面，传统材质如羊毛、牦牛毛等仍然被广泛应用，但制作工艺和纹样设计更加现代化和时尚化；另一方面，

人工合成材质如化纤、混纺等也逐渐被引入到藏族服饰中，为藏族服饰的发展注入了新的活力。这些变革不仅丰富了藏族服饰的材质种类和风格特点，也推动了藏族服饰文化的传承与创新。

如今，藏族服饰已经成为藏族文化的重要载体之一，其历史渊源与发展脉络不仅体现了藏族人民的智慧与创造力，也见证了中华民族多元一体文化的形成与发展。在未来的发展中，我们应该继续加强对藏族服饰文化的传承与保护，同时推动其与现代时尚元素的融合创新，让藏族服饰文化在新的时代背景下焕发出更加绚丽的光彩。

羊毛原料

童装羊毛马甲

藏族服饰材质丰富多样，其中天然材质以其独特的质感和文化内涵深受人们喜爱。羊毛作为藏族服饰中常见的天然材质之一，具有保暖性好、柔软舒适的特点。在藏族传统服饰中，羊毛被广泛用于制作长袍、马甲等衣物，其纤维结构紧密，能够抵御严寒，为藏族人民在高原地区的生活提供了良好的保暖效果。此外，牦牛毛也是藏族服饰中独具特色的天然材质。牦牛生活在高寒地区，其毛发具有极强的耐寒性，因此牦牛毛制成的服饰不仅保暖性能优越，还带

有一种原始而粗犷的美感。

除了天然材质，人工合成材质在藏族服饰中也占有一席之地。化纤、混纺等材质以其良好的弹性和耐磨性受到现代藏族服饰设计师的青睐。这些材质可以与天然材质相结合，创造出既具有传统韵味又符合现代审美需求的服饰作品。例如，一些设计师将化纤与羊毛混纺，制作出既保暖又时尚的藏族服饰，既保留了传统材质的特点，又融入了现代设计的元素。

在藏族服饰材质的分类中，天然纤维材质和人工合成材质各有其独特之处。天然纤维材质如羊毛、牦牛毛等，以其天然的质感和文化内涵成为藏族服饰的重要组成部分；而人工合成材质则以其良好的弹性和耐磨性为藏族服饰的时尚转型提供了可能。这两种材质在藏族服饰中的应用，既体现了藏族人民对自然的敬畏和尊重，也展示了藏族服饰文化的传承与创新。

藏族服饰以其独特的样式、精选的材质、精湛的工艺闻名于世，其中天然材质与传统工艺的结合更是其魅力所在。在藏族服饰中，天然材质不仅具有优良的保暖性和舒适性，还蕴含着深厚的文化内涵。传统工艺则通过巧妙的编织、染色和装饰手法，将天然材质的魅力发挥到极致。以牦牛毛为例，这种生长在高原地区的天然材质，具有独特的纤维结构和物理性能。牦牛毛的纤维长而细，富有弹性，具有良好的保暖性和透气性。在藏族服饰中，牦牛毛被用来制作各种衣物和配饰，如长袍、帽子、围巾等。传统工艺师们通过精湛的编织技艺，将牦牛毛编织成细密而富有弹性的织物，既保证了服饰的实用性，又展现了其独特的艺术美感，用其制作出的服饰始终闪烁着藏族文化的光芒，别致而独特。

在染色和装饰方面，传统工艺同样发挥着重要作用。藏族人民运用天然的染料和独特的染色技术，为服饰增添了丰富的色彩和纹样。同时，他们还通过刺绣、珠饰等装饰手法，进一步提升了服饰的艺术美感。

这些传统工艺不仅体现了藏族人民的智慧和创造力，也传承了深厚的民族文化。

值得一提的是，天然材质与传统工艺的结合还促进了藏族服饰的可持续发展。由于这些材质来源于自然，且工艺过程中注重环保和资源的合理利用，因此藏族服饰在保持其独特魅力的同时，也符合现代社会的环保理念。这种可持续发展的理念不仅有助于保护藏族服饰文化的传承和发展，也为其他民族服饰文化的传承与保护提供了有益的借鉴。

天然材质与传统工艺的结合是藏族服饰文化的重要组成部分。它们共同构成了藏族服饰的独特魅力和文化内涵，也展现了藏族人民的智慧和创造力。在未来的发展中，我们应该继续传承和发扬这种结合的优势，推动藏族服饰文化的创新和发展。

在藏族服饰的材质应用中，人工合成材质如化纤、混纺等正逐渐占据一席之地。这些材质以其独特的性能和优势，为藏族服饰注入了新的活力。据统计，近年来，使用人工合成材质的藏族服饰在市场上的占比逐年上升，显示出其强大的市场潜力。以混纺材质为例，它结合了天然纤维和人工纤维的优点，既保留了天然纤维的舒适性和透气性，又增强了服饰的耐磨性和抗皱性。在藏族服饰中，混纺材质常被用于制作外套、裤子等日常穿着的服饰，其优良的保暖性和耐用性深受藏族人民的喜爱。

然而，人工合成材质在藏族服饰中的应用也面临着一些挑战。一方面，如何保持材质的性能与环保性之间的平衡是一个亟待解决的问题；另一方面，如何在保持藏族服饰传统特色的同时，实现材质的时尚转型也是设计师们需要思考的问题。因此，未来在藏族服饰材质的选择上，应更加注重材质的可持续性和创新性，以实现藏族服饰文化的传承与发展。

## 一、典型羊毛制品：氆氇在藏族服饰文化中的应用

氆氇，这一古老而神秘的藏族传统工艺，起源于青藏高原的藏族地区，是藏族人民在长期的生产生活中创造出来的一种独特的手工艺品。关于氆氇的起源，民间流传着许多美丽的传说。其中一则传说讲述了在很久很久以前，青藏高原上的一位藏族织女，为了抵御严寒，用羊毛和丝线编织出了一种既保暖又美观的布料，这便是最初的氆氇。这位织女以其智慧和勤劳，为藏族人民带来了温暖与美丽，她的名字和氆氇一起，被后人传颂至今。

氆氇的出现不仅体现了藏族人民的智慧和创造力，也反映了他们对美好生活的追求和向往。经过漫长的历史发展，现今，氆氇已逐渐发展成为藏族服饰中不可或缺的一部分，成为藏族文化的重要代表之一。如今，氆氇已经走出青藏高原，走向世界，成为展示藏族文化魅力的一张亮丽名片。

氆氇的制作工艺：值得一提的是，氆氇的制作工艺独特而复杂，需

藏族服饰材料：氆氇

要经验丰富的织工们用心编织。她们运用精湛的技艺，借助简单的纺织工具，将羊毛和丝线巧妙地结合在一起，编织出具有独特纹理和纹样的成品。每一块氆氇都是织女们心血的结晶，都蕴含着她们的智慧和汗水。

氆氇的制作材料主要选用优质的羊毛，这些羊毛通常来自高原地区的藏羊，以其纤维长、弹性好、保暖性强而著称。在制作过程中，羊毛经过精心挑选、清洗、梳理等工序，确保每一根羊毛都符合制作氆氇的要求。据历史记载，古代藏族人民在挑选羊毛时，甚至会借助阳光照射，通过观察羊毛的色泽和光泽度来判断其品质。这种对材料的严格把控，为制作优质氆氇奠定了坚实基础。

除了羊毛外，制作氆氇还需要借助一系列传统工具。其中，最为关键的是手工编织机。这种编织机通常由木质材料制成，结构精巧，能够灵活调整编织的密度和纹理。在编织过程中，工匠们会运用熟练的技艺，将羊毛线巧妙地编织成各种纹样和纹理。这些纹样和纹理不仅美观大方，而且具有深厚的文化内涵，是氆氇独特魅力的重要组成部分。

值得关注的是，氆氇的制作过程中还注重环保和可持续发展。由于羊毛是可再生资源，且制作过程中无须使用化学染料和添加剂，因此

氆氇纺线锤　　　　　　　　　氆氇纺织机

氆氇不仅具有天然的保暖性能，还符合现代人对环保和健康的追求。此外，随着科技的进步，现代工匠们也在不断探索新的制作技术和材料，力求在保持氆氇传统特色的基础上，进一步提升其品质和性能。

氆氇的制作流程与技巧，堪称传统工艺中的瑰宝。

首先，选材是制作氆氇的关键一步。优质的羊毛是氆氇的主要原料，经过精心挑选和处理，确保羊毛的质地纯净、柔软。接着，将羊毛进行清洗、晾晒和梳理，去除杂质，使其更加顺滑。这一步骤需要经验丰富的工匠进行操作，以确保羊毛的质量达到最佳状态。在梳理好的羊毛基础上，工匠们开始运用独特的编织技巧。他们使用特制的工具，将羊毛纤维紧密地编织在一起，形成氆氇的基本结构。这一过程中，工匠们需要掌握适当的力度和节奏，以确保编织出的氆氇既结实又柔软。据记载，熟练的工匠每天仅能编织出几平方米的氆氇，足见其工艺的精细与复杂。

编织完成后，氆氇还需要经过一系列的后续处理，包括染色、定型、修剪等步骤，使氆氇的色彩更加鲜艳、纹样更加精美。其中，染色是氆氇制作中的一大特色。工匠们采用天然染料，如藏红花、茜草等，为氆氇赋予独特的色彩。这些染料不仅色彩鲜艳，而且对人体无害，体现了氆氇制作的环保理念。

在氆氇的制作过程中，工匠们的技巧和经验起着至关重要的作用。他们凭借多年的实践经验和精湛技艺，能够准确地掌握每个环节的细节和要点，确保氆氇的质量和美观度。同时，他们也不断创新和改进制作流程，使氆氇这一传统工艺得以传承和发展。正如古人所言："工欲善其事，必先利其器。"氆氇的制作流程与技巧，正是工匠们对传统工艺的热爱和追求的体现。他们用心制作每一件氆氇作品，将传统工艺与现代审美相结合，使氆氇成为一种既具有文化内涵又兼具实用价值的艺术品。

氆氇在藏族传统服饰中的应用可谓广泛而深入。这种独特的面料以其优良的保暖性和舒适性，深受藏族人民的喜爱。在藏族传统服饰中，氆氇常被用于制作长袍、马甲、帽子等，不仅具有浓厚的民族特色，还体现了藏族人民对美好生活的追求。以藏族长袍为例，其外层通常采用质地较厚的氆氇面料，既防风又保暖。而内层则选用质地细腻、柔软的氆氇，确保穿着的舒适度。在色彩和纹样上，氆氇也展现出了丰富的变化。藏族人民善于运用各种颜色和纹样来装饰服饰，使得氆氇在藏族传统服饰中呈现出独特的艺术魅力。

此外，氆氇在藏族服饰中的广泛应用还体现在其历史演变与现代创新上。随着时代的变迁，藏族服饰在保持传统特色的同时，也不断吸收现代元素进行创新。氆氇作为藏族服饰制作的重要材料，也在不断地进行改进和提升，以适应现代审美和穿着需求。氆氇是藏族服饰文化的灵魂，它承载着藏族人民的智慧和情感。正是氆氇这种独特的面料，使得藏族传统服饰在保持民族特色的同时，也展现出了独特的艺术魅力和文化内涵。

氆氇在藏族服饰中的独特色彩与纹样，无疑是其魅力的另一重要组成部分。氆氇这种传统工艺以其丰富的色彩和独特的纹样设计，为藏族服饰增添了浓厚的民族特色和艺术气息。在色彩运用上，人们制作氆氇善于运用各种鲜艳的颜色，如红、黄、蓝、绿等，这些色彩不仅鲜艳夺目，而且寓意深远，代表着藏族人民对生活的热爱和对自然的敬畏。据统计，藏族服饰中常用的氆氇色彩多达数十种，每一种色彩都有其独特的文化内涵和象征意义。

在纹样设计上，氆氇更是展现出了无穷的创意和精湛的工艺。常见的纹样包括祥云、花朵、雪山、动物图腾等，这些纹样经过艺术化处理，不仅美观大方，而且寓意深刻，寄托着藏族人民对美好生活的向往和追求。例如，祥云纹样象征着天空和神灵的庇佑，花朵纹样则代表着纯洁和高雅。这些纹样通过氆氇的精湛工艺得以完美呈现，使得藏族服饰在视觉上更具冲击力和吸引力。

氆氇在藏族服饰中的独特色彩与纹样还体现了藏族文化的深厚底蕴。藏族文化注重与自然和谐共生，这种理念在氆氇的色彩和纹样中得到了充分体现。例如，氆氇的色彩多取自自然界的色彩，如蓝天、白云、绿草等，这些色彩的运用不仅使得服饰更加贴近自然，也体现了藏族人民对自然的敬畏和感恩。同时，氆氇的纹样设计也往往以自然元素为灵感来源，通过抽象和变形的手法，将自然之美转化为服饰上的艺术之美。氆氇在藏族服饰中的独特色彩与纹样是其魅力的重要组成部分。这些色彩和纹样不仅美观大方，而且寓意深刻，体现了藏族文化的深厚底蕴和艺术特色。随着时代的发展和社会的进步，氆氇这种传统工艺也在不断创新和发展，为藏族服饰注入了新的活力和魅力。

综上所述，氆氇在藏族服饰中的历史演变与现代创新是一部充满活力和创造力的史诗。它不仅见证了藏族文化的传承与发展，还展示了氆氇在现代服饰设计中的无限可能。我们有理由相信，在未来的日子里，氆氇将继续在藏族服饰中发挥着重要的作用，为藏族文化的传承与发展贡献更多的力量。

## 二、藏族服饰文化之材质文化：牦牛毛皮

牦牛毛皮作为藏族服饰的重要材质，其来源与生态分布特点具有鲜明的地域特色。牦牛主要生活在海拔 3000 米以上的高寒地区，如青藏高原的草地和山地，这些地区气候寒冷，植被稀疏，为牦牛提供了独特的生存环境。据统计，中国是世界上牦牛数量最多的国家，其中青藏高原地区的牦牛数量尤为可观，为藏族服饰提供了丰富的材质来源。

在高寒地区，牦牛依靠其强健的体魄和适应力，在恶劣的自然条件下生存繁衍。它们的毛发在长期的自然选择中，逐渐形成了独特的纤维结构和物理性能。牦牛皮毛的纤维长而细，柔软且富有弹性，具有

良好的保暖性和耐磨性，这些特点使得牦牛毛成为藏族服饰中不可或缺的重要材质。

藏族人民在长期的生活实践中，积累了丰富的牦牛牛毛采集和加工经验。他们通常在牦牛换毛的季节进行采集，以保证毛发的质量和数量。采集后的牦牛牛毛经过清洗、梳理、染色等工序，最终成为制作藏族服饰的优质材料。

牦牛毛皮有以下几个特点。

耐寒性强：牦牛毛皮非常厚实，具有良好的保暖性能，能够抵御严寒的气候。结构独特：毛皮由两部分组成，外部的粗毛（又称牦牛毛）较长，能够防风雪；内部的细毛（又称绒毛）柔软密集，提供良好的隔热效果。色彩自然：牦牛毛皮颜色多样，从黑色、棕色到灰色不等，每张毛皮都有自己独特的斑纹和色彩，给人一种原始和自然的感觉。环保可持续：与一些养殖动物的毛皮相比，牦牛通常是在自然环境中自由生长，因此其毛皮的获取相对更环保和可持续。多用途：牦牛毛皮常被用于制作服装、披肩、地毯、帐篷等，既具有实用价值，也常被视为一种传统的工艺品。经济价值：对于生活在高原地区的居民来说，牦牛及其毛皮是重要的经济来源。通过出售牦牛毛皮，当地人可以获得收入，维持生计。保养与护理：由于毛皮的特殊性，使用牦牛

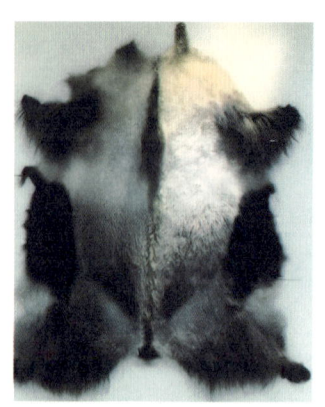

牦牛皮毛

毛皮制品需要适当的保养。这包括定期清洁、避免阳光直射和过度潮湿，以及使用专门的毛皮护理产品，以保持其柔软度和光泽。

总的来说，牦牛毛皮是一种独特的天然资源，既具有实用和文化价值，也涉及一些伦理和环保问题。在欣赏和使用它的同时，我们也应关注其背后的意义，做出负责任的选择。

总之，牦牛毛在藏族服饰中的传统应用方式不仅体现了藏族人民对自然环境的适应和利用能力，也展示了他们独特的审美观念和文化传统。在未来的发展中，我们应该继续传承和发扬这种传统应用方式，让藏族服饰文化在现代社会中焕发出更加绚丽的光彩。

## 三、藏族服饰文化之材质文化：人工合成材料

在藏族服饰的材质应用中，人工合成材质如化纤、混纺等正逐渐占据一席之地。这些材质以其独特的性能和优势，为藏族服饰注入了新的活力。据统计，近年来，使用人工合成材质的藏族服饰在市场上的占比逐年上升，显示出其强大的市场潜力。

以混纺材质为例，它结合了天然纤维和人工纤维的优点，既保留了天然纤维的舒适性和透气性，又增强了服饰的耐磨性和抗皱性。在藏族服饰中，混纺材质常被用于制作外套、裤子等日常穿着的服饰，其优良的保暖性和耐用性深受藏族人民的喜爱。

此外，人工合成材质在藏族服饰的时尚转型中也发挥了重要作用。设计师们通过运用不同的材质搭配和色彩组合，创造出独具特色的藏族服饰款式。例如，某知名设计师曾以混纺材质为基础，结合藏族传统纹样和色彩，设计出了一款既时尚又富有民族特色的藏族服饰，赢得了市场的广泛好评。

## 四、藏族服饰文化之材质文化：丝绸

　　丝绸材质在藏族服饰中的使用历史可追溯至唐代，那时，丝绸便已成为藏族贵族服饰的重要材料，象征着尊贵与荣耀。随着丝绸之路的开通，来自中原的丝绸源源不断地流入青藏高原地区，为藏族服饰注入了新的活力与创意。在藏族服饰中，丝绸以其独特的光泽、柔软的触感和丰富的色彩，成为展现藏族女性婀娜身姿与优雅气质的绝佳选择。之后，在藏族传统婚礼中，新娘往往会穿着由丝绸制成的华丽礼服，以彰显其尊贵与美丽。此外，丝绸在藏族服饰中的使用还体现在各种配饰上，如丝巾、腰带等，这些配饰不仅增添了服饰的层次感，还丰富了藏族服饰的文化内涵。

　　随着时间的推移，丝绸在藏族服饰中的应用逐渐普及，成为藏族人民日常生活中不可或缺的一部分。在藏族传统节庆活动中，人们往往会穿着由丝绸制成的盛装，以展示其独特的民族风情。同时，丝绸的质地和色彩也成为藏族服饰中重要的审美元素，其丰富的色彩和纹样不仅体现了藏族人民的审美情趣，还反映了他们对美好生活的向往和追求。此外，丝绸在藏族服饰中的使用还促进了藏族服饰制作工艺的发展和创新，为藏族服饰文化的传承和发展奠定了坚实的基础。

　　在现代社会中，尽管藏族服饰的材质和样式发生了许多变化，但丝绸依然在其中占据着重要的地位。许多藏族设计师在创作现代藏族服饰时，仍然会选用丝绸作为主要的材料，以展现藏族服饰的独特魅力和文化内涵。同时，随着科技的发展，丝绸的质地和色彩也得到了进一步的提升和创新，为藏族服饰的发展注入了新的活力。可以说，丝绸在藏族服饰中的使用历史不仅是一段文化的传承，更是一段美丽的传奇。

　　在藏族服饰中，丝绸的种类繁多，每一种都承载着深厚的文化内涵

和独特的审美价值。其中，藏锦以其独特的织造工艺和华丽的纹样设计而著称。藏锦采用纯手工织造，以蚕丝为主要原料，经过复杂的工艺过程，织造出色彩鲜艳、纹样精美的织物。其纹样设计往往融合了藏族人民的宗教信仰、自然崇拜和民族风情，具有极高的艺术价值。此外，藏绸也是藏族服饰中常见的丝绸品种，其质地柔软、光泽柔和，适合用于制作贴身衣物和配饰。藏绸的色彩丰富多样，既有鲜艳夺目的红色、黄色，也有清新淡雅的蓝色、绿色，为藏族服饰增添了丰富的色彩层次。

除了藏锦和藏绸，藏族服饰中还有许多其他种类的丝绸，如藏缎、藏绒等。这些丝绸品种各具特色，有的以质地细腻、光泽亮丽而著称，有的则以纹样独特、寓意深刻而备受推崇。这些丝绸在藏族服饰中的应用，不仅丰富了服饰的材质和色彩，更体现了藏族人民对美好生活的追求和对传统文化的传承。

值得一提的是，藏族服饰中的丝绸还常常与金银珠宝、宝石等贵重材料相结合，形成独具特色的装饰风格。这种装饰风格不仅彰显了藏族服饰的华丽与尊贵，也反映了藏族人民对自然和生命的敬畏与崇拜。同时，这种装饰风格也体现了藏族服饰文化的独特性和创新性，为藏族服饰文化的发展注入了新的活力。

藏族丝绸纹样中蕴含着丰富的宗教象征与祈福寓意，这些纹样不仅美观，更承载着深厚的文化内涵。在藏族服饰中，丝绸纹样常常以宗教符号、神话传说和祈福文字等形式出现，传递着藏族人民对美好生活的向往和追求。

以藏传佛教的八宝纹样为例，这些纹样包括法轮、法螺、宝伞、白盖、莲花、宝瓶、金鱼和吉祥结，它们各自代表着不同的宗教意义和祈福寓意。在藏族丝绸中，这些纹样被巧妙地运用，通过不同的组合和排列，形成了一幅幅精美的画面。这些纹样不仅具有装饰作用，更在无形中传递着藏族人民的信仰和追求。

此外，藏族丝绸纹样中的祈福寓意也体现在对自然元素的运用上。例如，云纹、水纹、山纹等自然元素在藏族丝绸中经常出现，它们不仅代表着大自然的美丽和神秘，更寓意着藏族人民对自然的敬畏和感恩。这些自然元素与宗教符号相结合，形成了一种独特的藏族丝绸纹样风格，既具有宗教色彩，又富有民族特色。

# 藏族服饰的艺术特色

## 一、藏族服饰中传统元素的创新运用

在藏族服饰中，传统元素的创新运用不仅体现在纹样和色彩上，更在于对传统工艺与现代设计的巧妙结合。以藏族传统的"帮典"为例，这种色彩斑斓的围裙，在保持原有色彩搭配和谐之美的同时，通过引入现代流行元素，如几何纹样、抽象线条等，使其焕发出现代时尚的气息。近年来，在藏族服饰市场上，融入创新元素的传统服饰销量逐年上升，受到越来越多年轻消费者的青睐。

在藏族服饰中传统元素的创新运用过程中，设计师们还注重将藏族服饰文化与现代审美观念相结合。他们通过深入研究藏族服饰的历史渊源和文化内涵，提取出其中的精髓元素，并运用现代设计手法进行再创造。这种创新性的设计思路，不仅使藏族服饰在现代社会中焕发出新的光彩，也为其在跨文化交流中的传播与推广提供了有力的支持。

综上所述，藏族服饰中传统元素的创新运用是一种富有创意和前瞻性的设计思路。它通过将传统与现代相结合，既保留了藏族服饰的文化特色，又赋予了其新的时代内涵。这种创新性的运用方式，不仅有助于推动藏族服饰文化的传承与发展，也为其在现代社会中的广泛应用和普及奠定了坚实的基础。

## 二、藏族服饰色彩搭配的和谐之美

藏族服饰的色彩搭配以其独特的和谐之美，展现了深厚的文化内涵和艺术魅力。在藏族服饰中，色彩的运用并非随意，而是经过精心设计和搭配，以达到视觉上的和谐与统一。例如，在藏族女性的传统服饰中，常常可以看到红色、蓝色、白色和黑色等色彩的巧妙组合。红色象征着热情与活力，蓝色代表着宁静与深邃，白色寓意纯洁与神圣，而黑色则显得庄重而神秘。这些色彩在藏族服饰中的搭配，既体现了藏族人民对色彩的独特理解和运用，也展现了藏族服饰的和谐之美。

藏族服饰的色彩搭配还注重色彩的对比与协调。在藏族服饰中，常常可以看到对比强烈的色彩搭配，如红与绿、蓝与黄等，这种对比不仅使服饰更加醒目，也增加了服饰的层次感和立体感。同时，藏族服饰也善于运用色彩的渐变和过渡，使色彩之间的转换更加自然和谐，给人以视觉上的享受。这种对比与协调的色彩搭配方式，既体现了藏族人民对色彩运用的高超技艺，也展现了藏族服饰的和谐之美。

此外，藏族服饰的色彩搭配还体现了藏族人民对自然和生活的热爱。在藏族服饰中，常常可以看到以自然景物为灵感的色彩搭配，如山川、河流、花草等。这些色彩搭配不仅使服饰更加生动，也体现了藏族人民对自然的敬畏和感恩。同时，藏族服饰的色彩搭配也反映了藏族人民对生活的热爱和追求，使服饰成为一种表达情感和传递文化的重要载体。

综上所述，藏族服饰的色彩搭配以其独特的和谐之美，展现了藏族文化的深厚底蕴和艺术魅力。这种和谐之美不仅体现在色彩的选择和搭配上，也体现在色彩所传达的情感和文化内涵上。因此，藏族服饰的色彩搭配不仅是一种视觉上的享受，更是一种文化和精神的传承。

## 三、藏族服饰纹样设计的文化内涵

藏族服饰纹样设计的文化内涵深厚且独特，它不仅是藏族人民审美观念的体现，更是其历史、宗教、信仰和地域文化的综合反映。在藏族服饰中，纹样设计往往采用抽象与具象相结合的手法，通过丰富的色彩和线条，展现出独特的艺术魅力。

以藏族服饰中的云纹纹样为例，云纹在藏族文化中象征着吉祥、幸福和美好，其形态多变，线条流畅，寓意着藏族人民对美好生活的向往和追求。在藏族服饰中，云纹纹样被广泛运用于衣摆、袖口、领口等部位，不仅增添了服饰的美感，更传递了藏族文化的精神内涵。

此外，藏族服饰纹样设计中还融入了丰富的宗教元素。例如，藏传佛教中的八宝纹样，包括法轮、法螺、宝伞、白盖、莲花、宝瓶、金鱼和吉祥结等，这些纹样在藏族服饰中经常出现，寓意着吉祥如意、福寿安康。这些纹样不仅具有装饰作用，更体现了藏族人民对神秘力量的尊崇。

藏族服饰纹样设计的文化内涵还体现在其地域特色上。由于藏族人民生活在高原地区，其服饰纹样设计往往融入了高原的自然风光和民族风情。例如，雪山、草原、牦牛等纹样在藏族服饰中屡见不鲜，这些纹样不仅展现了藏族人民生活的自然环境，更体现了他们对家乡的热爱和眷恋。

综上所述，藏族服饰纹样设计的文化内涵丰富多样，它不仅是藏族人民审美观念的体现，更是其历史、宗教、信仰和地域文化的综合反映。通过深入研究藏族服饰纹样设计的文化内涵，我们可以更好地了解藏族文化的独特魅力和精神内涵。

## 四、藏族服饰材质与工艺的独特魅力

藏族服饰以其独特的材质与工艺,展现了深厚的文化内涵和艺术魅力。在材质方面,藏族服饰常采用羊毛、牦牛毛等天然纤维,这些材质不仅保暖性能优越,而且具有天然的色泽和纹理,使得藏族服饰在外观上呈现出一种质朴而又不失华丽的美感。同时,藏族人民还善于利用金银、珠宝等贵重材料,通过镶嵌、刺绣等工艺,将服饰装点得璀璨夺目,彰显出独特的民族特色。

在工艺方面,藏族服饰更是体现了精湛的手工技艺。藏族妇女们以巧夺天工的双手,将各种材料巧妙地结合在一起,创造出丰富多彩的服饰样式。例如,藏族服饰中的刺绣工艺,以其细腻的针脚和精美的纹样,赢得了广泛的赞誉。此外,藏族服饰还注重色彩搭配和纹样设计,通过巧妙地组合和搭配,使得服饰在视觉上呈现出一种和谐而统一的美感。

藏族服饰的独特魅力不仅体现在其外观和工艺上,更在于其背后所蕴含的文化内涵和精神价值。藏族服饰作为藏族文化的重要组成部分,承载着藏族人民的历史记忆、宗教信仰和审美观念。通过穿着藏族服饰,人们可以感受到一种深厚的民族情感和文化认同。

在现代社会中,藏族服饰的独特魅力也得到了广泛认可和传承。越来越多的设计师开始将藏族服饰元素融入现代服装设计中,使得藏族服饰在现代社会中焕发出新的生机和活力。同时,藏族服饰也成了旅游文化的重要载体,吸引着越来越多的游客前来体验和欣赏。

总之,藏族服饰以其独特的材质与工艺,展现了深厚的文化内涵和艺术魅力。在未来的发展中,我们应该继续加强对藏族服饰文化的保护和传承,让这一独特的民族艺术瑰宝在现代社会中继续闪耀光芒。

## 五、藏族服饰风格多样性与个性化展现

藏族服饰以其风格多样性与个性化展现，成为中华民族服饰文化中的一颗璀璨明珠。在藏族地区，由于地理环境的差异、民族习俗的不同以及历史文化的积淀，藏族服饰呈现出丰富多彩的样式。从藏北的草原到藏南的河谷，从高原的雪山到低地的森林，不同地域的藏族人民都拥有着自己独特的服饰风格。

以藏北地区为例，这里的藏族服饰以厚重、保暖为主，色彩较为单一，以深色系为主，体现了高原地区寒冷、干燥的气候特点。而藏南地区的藏族服饰则更加鲜艳、华丽，色彩丰富多样，纹样设计也更为复杂，展现了藏南地区温暖湿润、植被茂盛的自然环境。

除了地域差异，藏族服饰的个性化展现也体现在不同性别、年龄、职业和社会地位的人群中。男性服饰注重实用性和功能性，以长袍、马褂、长裤等为主，展现出藏族男性的粗犷和豪放。女性服饰则更加注重装饰性和审美性，以长裙、短衣、披肩等为主要款式，色彩鲜艳、纹样精美，展现了藏族女性的温柔和美丽。

藏族服饰的个性化展现还体现在其材质和工艺上。藏族人民善于利用当地资源，采用羊毛、牦牛毛等天然材料制作服饰，既保暖又舒适。同时，他们还运用刺绣、编织、镶嵌等精湛工艺，将各种纹样和符号巧妙地融入服饰中，使每一件藏族服饰都成为独一无二的艺术品。

藏族服饰的风格多样性与个性化展现，不仅体现了藏族人民的智慧和创造力，也展现了中华民族文化的博大精深。在现代社会中，随着时尚潮流的不断变化，藏族服饰也在不断创新和发展，将传统元素与现代设计相结合，呈现出更加时尚、个性化的风格。这种传统与现代的交融之美，正是藏族服饰文化的魅力所在。

# 第三章
DI SAN ZHANG

## 藏族服饰中的纹样文化

藏族服饰纹样的起源和发展与藏族文化的演进紧密相连。据史书记载，早在公元前5世纪，藏族先民就已开始使用各种纹样装饰服饰，这些纹样不仅具有装饰作用，更是藏族文化发展的缩影。随着历史的演进，藏族服饰纹样逐渐形成了独特的艺术风格和审美观念。

　　在藏族服饰纹样的发展过程中，不同历史时期的政治、经济、文化等因素都对其产生了深远影响。例如，在吐蕃政权时期，藏族服饰纹样开始呈现出更为复杂和精细的特点，这与当时社会经济的繁荣和文化交流的频繁密不可分。到了明清时期，藏族服饰纹样在继承传统的基础上，又吸收了汉、蒙等民族的文化元素，形成了更加多元和包容的艺术风格。

　　此外，藏族服饰纹样的发展还受到自然环境的影响。藏族人民生活在高原地区，其服饰纹样往往以雪山、草原、牦牛等自然元素为题材，这些纹样不仅反映了藏族人民对自然的敬畏和依赖，也体现了他们与自然和谐共生的生活理念。同时，藏族服饰纹样的色彩也往往采用鲜艳、对比强烈的色调，以适应高原地区强烈的阳光和气候条件。

　　在现代社会中，藏族服饰纹样依然保持着其独特的魅力和价值。许多设计师将藏族服饰纹样与现代时尚元素相结合，纹样呈现出更加多元化的趋势。藏族服饰纹样的起源与发展是一个漫长而复杂的过程，它既是藏族文化的重要组成部分，也是中华民族多元一体文化的生动体现。在未来，我们应该继续加强对藏族服饰纹样的研究和保护工作，推动其在现代社会中的传承与发展。

# 藏族服饰纹样的文化内涵

## 一、藏族服饰纹样的信仰哲学解读

藏族服饰纹样的宗教哲学解读,是藏族文化中的重要组成部分,它深刻反映了藏族人民的信仰文化和哲学思想。在藏族服饰中,各种纹样往往蕴含着丰富的信仰哲学内涵,通过巧妙的构图和色彩运用,传达出藏族人民对宇宙、生命和自然的独特理解。

以藏族服饰中的莲花纹样为例,莲花在信仰文化中象征着纯洁和高雅,是信仰文化中的重要元素。在藏族服饰中,莲花纹样常常被巧妙地融入各种设计中,通过其独特的形态和色彩,展现出藏族人民对万事吉祥和清静安宁的追求。

此外,藏族服饰中的信仰哲学解读还体现在对宇宙和自然的认知上。藏族人民认为,宇宙是一个充满神秘和智慧的整体,而自然则是宇宙的一部分,与人类息息相关,这种朴素的宇宙自然观是其服装设计的思想出发点之一。因此,在藏族服饰纹样中,常常可以看到对宇宙和自然的描绘和诠释,如日月星辰、山川河流等自然元素的融入,这不仅增添了服饰的艺术美感,也体现了藏族人民对宇宙和自然的敬畏和尊重。

总的来说,藏族服饰纹样的信仰哲学解读是藏族文化中的重要组成部分,它通过对宇宙人生自然的独特思考,传达出藏族人民对信仰文化、宇宙和自然的理解和追求。这些纹样不仅具有深厚的文化内涵和艺术价值,也是藏族人民传承和弘扬民族文化的重要方式之一。

## 二、藏族服饰纹样中的文化象征意义

藏族服饰纹样中的文化象征意义深远而丰富，它们不仅是视觉上的美学表达，更是藏族人民精神文化的重要载体。在藏族服饰中，每种纹样的诞生和发展都是生活的积累和思想的迸发，往往承载着深厚的思想内涵和民族历史记忆。

藏族服饰纹样中的动物形象极具文化象征意义。例如，龙和凤在藏族服饰中常被用作吉祥纹样，寓意着祥瑞和幸福。而跟水相关的一些动物形象，则代表了财富。这些纹样体现了藏族人民对自我和谐、美好生活的追求。

藏族服饰纹样中的文化象征意义还体现在其色彩运用上。藏族人民善于运用各种鲜艳的色彩来装饰服饰，这些色彩不仅具有视觉冲击力，更蕴含着丰富的文化内涵。例如，红色代表着热情和勇敢，蓝色象征着宁静和智慧，黄色则寓意着尊贵和神圣。这些色彩的巧妙运用，使得藏族服饰纹样在视觉上更加丰富多彩，同时也加深了其文化象征意义的表达。

综上所述，藏族服饰纹样中的文化象征意义是藏族服饰文化的重要组成部分。这些纹样不仅具有美学价值，更承载着深厚的民族历史和文化内涵。通过对这些纹样的深入解读和传承发展，我们可以更好地了解和欣赏藏族服饰文化的独特魅力。

## 三、藏族服饰纹样与自然环境的和谐共生

藏族服饰纹样与自然环境的和谐共生，是藏族文化独特魅力的体现。以藏族服饰中的雪山纹样为例，它不仅是藏族人民对家乡雪山的深情寄托，更是对自然环境的敬畏和尊重。在藏族服饰中，雪山纹样

往往以白色为主色调，象征着雪山的纯洁与神圣。同时，纹样的线条流畅、构图和谐，与雪山本身的形态和气质相得益彰，展现出了藏族服饰纹样与自然环境的和谐共生之美。

藏族人民善于从大自然中汲取灵感，将自然界的色彩巧妙地运用到服饰纹样中。比如，他们常常使用蓝色、绿色等冷色调来描绘湖泊、草原等自然景观，这些色彩不仅与自然环境相协调，更能够营造出一种宁静、祥和的氛围。藏族服饰纹样与自然环境的和谐共生，不仅体现在纹样设计和色彩运用上，更体现在藏族人民的生活方式和文化观念中。他们尊重自然、顺应自然，将自然环境的元素融入服饰纹样中，既是对自然的赞美，也是对生活的热爱。这种和谐共生的理念，正是藏族服饰纹样文化的精髓所在。

## 四、藏族服饰纹样与现代审美观念的融合创新

藏族服饰纹样与现代审美观念的融合创新，不仅体现在对传统元素的传承与发扬，更在于对现代审美趋势的敏锐捕捉与巧妙运用。近年来，越来越多的设计师开始尝试将藏族服饰纹样与现代时尚元素相结合，创造出既具有民族特色又符合现代审美需求的作品。在融合创新的过程中，设计师们还注重运用现代设计手法和技巧，对藏族服饰纹样进行再创作。他们通过色彩搭配、线条运用、构图布局等方面的创新，使藏族服饰纹样焕发出新的生机与活力。同时，设计师们还善于从现代审美观念中汲取灵感，将时尚元素与藏族服饰纹样相结合，创造出独具特色的设计作品。这种融合创新不仅丰富了藏族服饰纹样的文化内涵，也为其在现代社会中的传承与发展注入了新的动力。

此外，藏族服饰纹样与现代审美观念的融合创新还体现在其应用领域的拓展上。除了传统的服饰领域外，藏族服饰纹样还被广泛应用于文化创意产品、家居装饰、艺术品等多个领域。这些应用不仅丰富了

藏族服饰纹样的表现形式，也为其在现代社会中的传播与普及提供了更多可能性。通过与现代审美观念的融合创新，藏族服饰纹样得以在现代社会中焕发出新的光彩，成为传承民族文化、弘扬民族精神的重要载体。

### 五、藏族服饰纹样在节日庆典中的独特展现

藏族服饰纹样在节日庆典中展现出了独特的魅力，成为藏族文化的重要载体。在藏历新年、雪顿节等盛大节日里，藏族人民身着盛装，服饰上的纹样熠熠生辉，彰显着浓厚的民族风情和独特个性。例如，在藏历新年期间，藏族居民选择穿着带有传统纹样的服饰参加庆祝活动，藏族女性服饰上的莲花、卷云、火焰等纹样，寓意着吉祥如意、幸福美满。这些纹样通过精湛的刺绣工艺，以红、黄、蓝等鲜艳的色彩呈现在服饰上，使得整个节日氛围更加热烈欢快。藏族男性服饰上的龙、凤、狮等纹样，则代表着勇敢、力量和智慧，是藏族男性在节日庆典中展现自身风采的重要元素。

藏族服饰纹样在节日庆典中的独特展现，不仅丰富了节日的文化内涵，也促进了藏族文化的传承与发展。通过穿着带有传统纹样的服饰，藏族人民在庆祝节日的同时，也在向世人展示着独特的民族文化和审美观念。这种文化的传承与展示，不仅增强了民族认同感和自豪感，也为藏族文化的传播和推广提供了有力的支持。

# 藏族服饰纹样的种类与特点

## 一、自然元素纹样：日月星辰与山水草木

藏族服饰中的自然元素纹样，以其独特的艺术魅力，展现了藏族人民对大自然的敬畏与热爱。其中，日月星辰与山水草木作为常见的自然元素，被巧妙地融入服饰纹样中，赋予了服饰深厚的文化内涵和审美价值。

在藏族服饰中，日月星辰的纹样常常以金色或银色线条勾勒，象征着光明与希望。太阳纹样通常呈现为圆形，光芒四射，寓意着温暖与力量；而月亮纹样则多呈现为弯月形，柔和而神秘，代表着宁静与智慧。这些纹样不仅美观大方，更寄托了藏族人民对美好生活的向往和追求。

山水草木的纹样在藏族服饰中同样占据重要地位。高山峻岭、流水潺潺、草木葱茏等自然景象，被艺术家们以细腻的笔触和丰富的色彩呈现在服饰上。这些纹样不仅展现了藏族人民生活的自然环境，更体现了他们对大自然的敬畏和感恩之情。在藏族传统社会中，这些自然元素纹样还被赋予了吉祥、祈福等寓意，成为藏族服饰中不可或缺的一部分。

值得一提的是，藏族服饰中的自然元素纹样还与现代设计元素相结合，形成了独具特色的艺术风格。总之，藏族服饰中的自然元素纹样是藏族文化的重要组成部分，它们以独特的艺术形式和深刻的文化内涵，展现了藏

藏族服饰上的祥云图案

族人民对大自然的热爱和敬畏之情。同时，这些纹样也为现代设计提供了丰富的灵感和素材，促进了藏族服饰文化的传承与发展。

## 二、动物纹样：寓意吉祥的龙凤狮虎

藏族服饰中的动物纹样，尤其是龙凤狮虎，在藏族服饰中占据着举足轻重的地位，是藏族人民对自然和生命的敬畏与崇拜的具象化表达，其中龙凤狮虎等吉祥动物纹样更是备受青睐。

龙凤作为中华民族传统文化中的吉祥象征，在藏族服饰中也得到了广泛应用。龙纹通常被描绘为腾云驾雾、气势磅礴的形象，寓意着权威与力量；而凤纹则以其优雅的身姿和华丽的羽毛，象征着美丽与吉祥。

狮虎纹样在藏族服饰中同样具有重要地位。老虎作为百兽之王，象征着勇敢和威严；而狮子则以其勇猛的形象，寓意着力量和勇气。这些纹样在藏族服饰中的出现，不仅体现了藏族人民对动物的敬畏和崇拜，更通过其寓意传达了藏族人民对勇敢、力量和威严等品质的崇尚。

此外，藏族服饰中的动物纹样还常常与信仰文化相结合。例如，在一些宗教仪式中，藏族人民会穿着带有龙凤狮虎纹样的服饰，以表达对神灵的敬畏和祈求。这些纹样的运用不仅丰富了藏族服饰的文化内涵，更在无形中传承和弘扬了藏族的传统文化和宗教信仰。

综上所述，藏族服饰中的动物纹样——尤其是龙凤狮虎等吉祥动物纹样——不仅具有极高的艺术价值和文化内涵，更在藏族人民的日常生活中扮演着重要角色。这些纹样的运用不仅丰富了藏族服饰的视觉效果，更通过其寓意和象征意义传达了藏族人民对自然、生命和文化的敬畏与崇拜。

## 三、植物纹样：象征生命的莲花与格桑花

在藏族服饰纹样中，莲花与格桑花是植物纹样的代表。莲花作为佛教中的圣洁之花，在藏族服饰中常被用作装饰纹样，象征着纯洁与高雅。其独特的形态和色彩搭配，使得藏族服饰在视觉上更加丰富多彩。而格桑花作为高原上的野花，以其顽强的生命力和美丽的花朵赢得了人们的喜爱。在藏族服饰中，格桑花纹样常常被用来表达对生活的热爱和顽强不屈。

在藏族传统服饰中，莲花和格桑花纹样的使用频率很高，这些植物纹样不仅被用于服饰的装饰，还常常被融入服饰的剪裁和设计中，使得藏族服饰在保持传统特色的同时，也展现出独特的艺术魅力。此外，莲花和格桑花纹样在藏族文化中还常常被用作象征和隐喻，表达着人们对美好事物的爱。

在现代设计中，莲花和格桑花纹样也得到了广泛的应用。许多设计师将这些传统纹样与现代元素相结合，创作出了一系列具有藏族特色的时尚服饰。这些服饰不仅保留了藏族服饰的传统韵味，还融入了现代审美观念，使得藏族服饰在现代社会中焕发出新的活力。同时，这

草原上盛开的格桑花

格桑花纹饰　　　　　　　　衣服上的植物纹饰

些设计也促进了藏族文化的传承和发展，让更多的人了解和欣赏到藏族服饰的艺术魅力。

## 四、文字与符号纹样：藏文与其他符号的融入

在藏族服饰纹样中，文字与符号纹样的融入尤为独特，其中藏文与其他符号的巧妙结合，不仅丰富了纹样的文化内涵，也展现了藏族人民的智慧与创造力。藏文作为藏族文化的核心载体，其独特的字形和笔画在服饰纹样中得到了广泛应用。这些藏文字符往往以装饰性的形式出现，或作为纹样的边框，或作为纹样的主体，为服饰增添了浓厚的藏族特色。

其他符号在藏族服饰纹样中同样占据着重要地位。例如，藏传佛教作符号和纹样在服饰中的广泛运用。

在藏族服饰纹样的设计中，藏文与其他符号的融入往往遵循着一定的规律和原则。设计师们会根据服饰的款式、色彩和材质等因素，选择合适的藏文字符和宗教符号进行搭配和组合。同时，他们还会注重纹样的整体构图和色彩搭配，以营造出和谐、统一的艺术效果。这种巧妙的融入方式，不仅使藏族服饰纹样更加丰富多彩，也使其更具文

化内涵和艺术魅力。在现代社会中，随着人们对传统文化的重视和传承意识的增强，藏族服饰纹样中的藏文与其他符号的融入也受到了越来越多的关注和认可。

## 五、抽象纹样：几何纹样与神秘图腾

藏族服饰中的抽象纹样，尤其是几何纹样与神秘图腾，是藏族文化的重要组成部分，它们以独特的艺术魅力展现着藏族人民的智慧与创造力。几何纹样在藏族服饰中运用广泛，如常见的菱形、三角形、圆形等，这些纹样通过巧妙地组合与排列，形成了丰富多样的视觉效果。这些几何纹样不仅具有装饰作用，更蕴含着深厚的文化内涵和象征意义。

神秘图腾则是藏族服饰中更为独特的一种抽象纹样，它们往往以神秘的符号和纹样形式出现，如藏传佛教中的八宝纹样、莲花纹样等。这些图腾在藏族人民心中具有极高的地位，被视为神圣不可侵犯的象征。它们不仅代表着藏族人民的信仰和追求，更传递着一种神秘而深邃的文化内涵。

在现代设计中，藏族服饰中的抽象纹样得到了广泛的应用。设计师们通过提取和重构这些纹样元素，将其融入现代服饰、家居用品、艺术品等各个领域，为现代设计注入了新的创意和灵感。同时，这些抽象纹样也成了藏族文化与现代设计相融合的桥梁，让更多的人能够了解和欣赏到藏族文化的独特魅力。

然而，随着时代的变迁和现代化进程的加速，藏族服饰中的抽象纹样也面临着保护和传承的挑战。为了让这些宝贵的文化遗产得以延续和发展，我们需要加强对藏族服饰纹样的研究和保护，同时推动其在现代设计中的应用和创新。只有这样，我们才能让藏族服饰中的抽象纹样在现代社会中焕发出新的生机和活力。

# 第四章
DI SI ZHANG

藏族服饰文化的典型部件与工艺

藏族自古以来就是一个具有创造性的民族，这些也表现在他们的服饰文化中。藏族服饰具有独特的表现形式与文化内涵，这取决于藏族的传统生产生活方式、民族信仰、思想观念，以及社会形态等。

　　本章着重介绍藏袍、藏式腰带、藏靴、坎肩、帮典等藏族服饰的文化特色与制作工艺。这些服饰具有鲜明的民族特色，凝聚着藏族百姓的智慧和创造力，也寄托着藏族人民对幸福、吉祥、美好生活的向往。

# 藏袍：流动的色彩与深沉的文化

## 一、草原文化的孕育与历史的见证

藏袍，这一独特的服饰形式，深深植根于草原文化的沃土之中。早在远古时期，生活在青藏高原的游牧民族，为了适应草原严酷的气候条件，创造了这种宽大、厚重的长袍，以抵御草原上的风霜雪雨。藏袍的起源，便是草原人民生存智慧的结晶，它不仅满足了生活需求，更在无形中凝聚了民族的精神象征。

在古代，藏族先民以游牧为生，他们逐水草而居，藏袍的开襟设计便于骑马和劳作，宽大的袖口可以随时卷起或放下，调节体温。正如古人云："天苍苍，野茫茫，风吹草低见牛羊。"这样的生活场景，生动描绘了藏袍与草原文化的紧密联系。此外，藏袍的色彩也深受草原环境的影响，以黑、深蓝、深红等色为主，这些颜色在广阔的草原上既醒目又实用，有助于在广阔的天地间辨识彼此。

草原文化的孕育，还体现在藏袍的装饰艺术上。袍身常绣以吉祥八宝、云朵、动物等图案，这些图案源自草原的自然景观和神话传说，富含深厚的象征意义。它们不仅是草原生活的写照，更是藏族人民对自然、对生活的敬畏与赞美，体现了人与自然和谐共生的游牧哲学。

藏袍，这一独特的服饰，是藏族服饰文化的重要组成部分，也是历史变迁的生动见证。自其在青藏高原的草原文化中孕育而生，藏袍就与藏族人民的生活紧密相连。在漫长的历史长河中，藏袍的样式、色彩和穿着习俗随着藏族社会的发展、宗教信仰的演变以及外来文化的影响而不断变迁。例如，唐朝时期，随着汉藏文化交流的加深，藏袍的形制和装饰艺术受到了中原服饰的影响，变得更加丰富多彩。这种变迁不仅体现在服饰的表象，更深层次地反映了藏族人民思想观念的演变和对美的独特追求。

在 20 世纪，随着西藏和平解放和改革开放，藏袍也经历了现代化的转型。在保留传统元素的同时，藏袍开始融入更多的现代设计，如采用新型面料，引入时尚色彩搭配，甚至在款式上进行创新，如增加可拆卸部分以适应不同场合的需求。这种变化不仅体现了藏族人民对传统文化的尊重和传承，也展示了他们对现代生活的接纳和创新精神。正如著名设计师吴海燕所说："传统服饰是历史的印记，也是我们向未来迈进的桥梁。"

进入 21 世纪，随着非物质文化遗产保护意识的提高，藏袍的保护与传承工作得到了前所未有的重视。政府和民间组织通过设立专门的教育项目，鼓励年轻一代学习和传承藏袍的制作技艺，同时鼓励设计师在保持传统风格的基础上进行创新设计，使藏袍在国际舞台上展现出独特的魅力。这种保护与创新并重的策略，旨在确保藏袍这一历史变迁的见证能够得到延续，并在新的时代背景下焕发出新的生命力。

## 二、藏袍的样式与特点

藏袍的形制独特性是其魅力的一大源泉。这种独特的设计不仅考虑了藏区高海拔、温差大的地理环境，也融入了深厚的文化内涵。例如，藏袍的长袖和宽大的袍身，使得人们在早晨气温低时可以将袖子挽起，中午暖和时则可以放下，有效地调节了身体的温度，展现了藏族人民与自然和谐共生的智慧。此外，藏袍的开襟通常设计在右侧，这不仅方便骑马，也体现了藏族先民游牧生活的痕迹。这种形制上的细节，无一不在诉说着藏袍背后的故事，它是藏族历史、生活方式和信仰的生动写照。

藏袍的色彩是其独特魅力的重要组成部分，每一种颜色都承载着深厚的象征意义。在藏族文化中，红色象征着火焰与太阳，寓意着驱邪避凶和旺盛的生命力，常常见于僧侣的袈裟，寓意神圣与敬畏。蓝色则象征天空的宽广无垠，代表纯洁和无限的可能，往往被赋予神秘和崇高的意象。黄色象征五谷丰登，是大地与富饶的象征，常在节日庆典中被大量使用，表达对丰收和繁荣的祈愿。绿色在藏袍中代表着草原与生命，象征和平与生机，女性的藏袍中绿色的运用尤其常见，体现了对生活与自然的热爱与尊重。白色则寓意着纯净和善良，是雪域高原的象征，人们在重要的仪式或悼念活动中会穿白色藏袍，以示对亡者的尊敬和对神圣的敬畏。这些丰富的色彩不仅美化了藏袍，更赋予了藏族人民生活以深沉的文化内涵，使藏袍成为一种视觉与精神的双重载体。

藏袍的制作工艺是其独特魅力的重要组成部分。在选择材料上，藏袍通常选用羊毛、牦牛毛等天然纤维，这些材料在高寒的青藏高原上具有良好的保暖性能。例如，著名的"氆氇"就是藏袍常用的面料，它以羊毛或牦牛毛手工编织而成，既保暖又耐用。在一些节日庆典中，藏袍可能会选用丝绸等更为华贵的材料，以彰显其特殊的意义和场合的庄重。

在工艺上，藏袍的制作融合了编织、绣花、染色等多种传统技艺。其中，手工染色技术尤为独特，使用天然植物、矿物染料，使得藏袍的色彩持久且富有自然的韵味。例如，藏袍中常见的红色，就是用藏红花、茜草等植物染制，这些天然染料不仅环保，而且颜色深沉，富有历史感。此外，袍身的绣花图案，如吉祥八宝、云朵、动物等，都蕴含着深厚的藏传佛教文化内涵，每一针一线都凝聚着匠人的心血和智慧。

藏袍的工艺细节也体现了藏族人民的智慧和创新。如袖口的"日月袖"设计，不仅美观，还能根据天气变化调整袖子的长度，以适应高原气候的多变。这种将实用性和艺术性完美结合的工艺，是藏袍独特魅力的生动体现，也是藏族文化传承的重要载体。

### 三、藏袍与藏族生活

藏袍，这一独特的服饰，是藏族人民在长期与严酷自然环境抗争的智慧的结晶。高原气候的多变性，使得藏袍在设计上充分考虑了保暖与通风的双重需求。在冬季，藏袍内层常以羊毛等保暖材料制作，有效抵挡零下几十摄氏度的严寒。而夏季，藏族百姓会将长袍敞开，以适应日温差可达30℃的环境。此外，藏袍的长袖设计在日间可以防晒，夜间则可防凉风侵袭。这种随环境调整穿着的方式，充分体现了藏族人民对气候适应的深刻理解，正如古人所言："适者生存。"藏袍正是这一理念的生动诠释。

藏袍作为藏族文化的重要组成部分，同时也是社交礼仪的生动载体。在藏族社区中，藏袍的穿着方式、颜色和装饰往往反映出穿着者的身份、地位，甚至是特定的社交场合。例如，藏族男子在参加重要的仪式或庆典时，会穿着色彩鲜艳、装饰繁复的长袍，以示尊重和庄重。而女性的藏袍则更注重色彩的搭配和细节的精致，以此展示女性的优雅和端庄。在日常生活中，藏袍的开襟方向和长短变化，也微妙地传达出礼貌和教养的信息。这种通过服饰表达礼仪的做法，与古语"衣冠之邦，礼仪之始"有着异曲同工之妙，彰显出藏族文化的深厚底蕴和独特魅力。

在节日庆典中，藏族人民会穿着更为华丽的藏袍，袍身上的图案更加丰富，往往包含更多的宗教元素，如六字真言、曼陀罗等，这些都寓意着祈福、净化心灵的宗教意义。藏袍不仅是服饰，更是一种信仰的表达，一种对神圣世界的向往和对生活智慧的传承。

# 腰带

## 一、腰带的起源与历史

腰带的原始功能在藏族服饰文化中占据了基础性的地位。早期，腰带并非仅为装饰之用，而是起着实用与保护的作用。在高寒的青藏高原，腰带能够帮助固定衣物，防止寒风侵入，有效地保暖。同时，它还能起到束腰提气的效果，帮助藏族人民在高海拔环境中更好地进行劳动和生活。例如，牧民们在放牧时，腰带可以固定衣物，防止在奔跑中衣物松散，影响活动。这种实用性的设计，体现了藏族人民对自然环境的深刻理解和适应，也彰显了他们生活的智慧。

早在吐蕃时期，藏族人民就已开始使用腰带，那时的腰带多以动物皮毛或粗布制成，简单而实用。随着社会进步和文化交流，腰带的制作材料和设计逐渐丰富多样，反映出不同时期的文化风貌。

在唐朝与西藏的密切交往中，丝绸等更为精致的材料被引入腰带制作，腰带的装饰性开始增强。到了元明清时期，随着藏传佛教的兴盛，腰带的图案和色彩更加丰富，常融入宗教元素，如八吉祥图、经文等，成为信仰的象征。例如，藏族男子的腰带"帮典"上，常绣有吉祥八宝的图案，寓意吉祥如意。

20世纪以来，随着现代生活方式的渗透，藏族腰带也经历了创新与融合的过程。现代藏族腰带不仅保留了传统的编织技艺，还融入了时尚元素，如采用混纺材料，设计上更加注重个性化和舒适性。同时，腰带在藏族节日庆典中的装饰作用更加突出，如在藏历新年时，人们会佩戴色彩鲜艳、装饰繁复的腰带来庆祝新年，展示出藏族文化的独特魅力。

历史的车轮不断前行，藏族腰带的演变历程是一部生动的民族生活史，它见证了藏族社会的变迁，承载了丰富的文化内涵。每一种新的设计和装饰都是一种历史记忆的再现，是藏族人民智慧与创造力的结晶，正如著名人类学家克莱夫·贝尔所说："艺术是文化的标记。"藏族腰带，无疑就是藏族文化中的一枚璀璨标记。

## 二、藏族服饰中腰带的文化内涵

藏族服饰文化的多样性是其独特魅力的体现，尤其体现在腰带这一元素上。在藏族服饰中，腰带不仅具有实用功能，如固定衣物、保暖，更承载着深厚的文化内涵。例如，藏北地区常见的羊毛腰带，以其粗犷的质地和简洁的线条，反映出高原生活的质朴与坚韧；而藏南的氆氇腰带，往往色彩丰富，图案细腻，展示了雅鲁藏布江流域的富饶与艺术气息。这种地域性的差异，实际上也是藏族人民根据生活环境和历史传统自然形成的，是藏族服饰多样性的重要组成部分。

腰带的装饰性与象征意义也体现了藏族服饰的多样性。在节日庆典中，藏族男女会佩戴色彩鲜艳、装饰繁复的腰带，如藏历新年时，人们会系上寓意吉祥的红色丝带，象征着新一年的红火与好运。这些腰带的色彩和图案，往往与藏族的宗教信仰、民间传说紧密相连，如绿色代表草原与生命，黄色象征五谷丰登，每一种色彩和图案都是藏族文化密码的一部分，彰显出藏族服饰的丰富多样和深远寓意。

在现代社会，藏族腰带的多样性得到了新的诠释。设计师们将传统工艺与现代审美相结合，创造出一系列融合传统与时尚的腰带设计，如将传统的编织技艺与现代材料如丝绸、皮革结合，既保留了传统韵味，又赋予其现代感，使得藏族腰带在国际舞台上也备受瞩目，成为传播藏族文化的重要载体。这种创新不仅丰富了藏族服饰的多样性，也使

得古老的腰带文化在现代社会中焕发出新的生命力。

腰带的制作工艺体现了藏族人民的智慧和创造力。他们选用羊毛、丝绸、皮革等材料，结合编织、刺绣、镶珠等技艺，制作出既实用又美观的腰带。例如，藏北地区的腰带常以粗犷的皮革和鲜艳的彩线编织，而藏南地区的腰带则更注重细腻的绣花和繁复的图案设计，这些都充分展现了地域特色和民族风格。

在藏族的节日庆典中，腰带更是不可或缺的装饰元素。无论是跳神舞的僧侣，还是参加藏历年节的百姓，都会精心搭配腰带来增添节日的喜庆气氛。腰带的色彩和图案往往寓含吉祥如意，如红色象征热情与活力，绿色代表生机与和平，而各种吉祥物和法器的图案则寄寓着对幸福生活的向往和对神灵的敬畏。

腰带在宗教仪式中也有着特殊的意义。在藏传佛教的仪式中，僧侣们佩戴的腰带可能饰有佛经、法器等图案，它们不仅是僧侣身份的标志，也被视为护佑身心的神圣之物。这种与信仰的紧密联系，使得腰带超越了单纯的服饰范畴，成为连接世俗与神圣的重要载体。

随着社会的发展，藏族腰带文化也在不断创新和传承中焕发出新的生命力。现代设计师将传统元素与现代审美相结合，设计出既保留民族特色又符合现代审美的腰带，使得这一古老的文化符号得以在世界舞台上广泛传播，为全球服饰文化增添了独特的色彩。

总的来说，藏族腰带不仅是服饰的一部分，更是藏族社会历史、信仰、艺术和生活智慧的综合体现。它以其深远的文化内涵和独特的艺术魅力，对藏族文化研究乃至全球服饰文化研究都具有重要的参考价值。

## 三、腰带在生活中的应用

在藏族的日常生活中，腰带不仅是一种装饰，更具有显著的实用价值。腰带在藏族服饰中扮演着固定衣物、承载物品的重要角色。例如，牧民们常在腰带上挂上小刀、火石等工具，方便野外劳作。据记载，一些长腰带甚至可以用来绑住帐篷，显示了其在生活中的多功能性。此外，藏族妇女会将长布腰带打结成各种形状，用来悬挂小布袋，里面装着香料或药材，既实用又美观，体现了藏族人民的智慧与生活艺术。

腰带的色彩和样式也常用来辨别身份和地域。在节日庆典中，藏族男女会佩戴色彩鲜艳、装饰繁复的腰带，以示庆祝和尊重。例如，康巴地区的藏族男子常佩戴宽大的红色腰带，这不仅是他们豪放性格的象征，也是他们身份的标识。这种习俗在日常生活中也得以延续，使得腰带成为藏族社交礼仪的一部分，有助于增进人们的相互了解和尊重。

值得注意的是，随着现代生活方式的改变，藏族腰带也在不断创新中保留其实用价值。现代藏族腰带融入了更多时尚元素，如使用新型材料，设计更符合现代审美的图案。同时，一些设计师将传统腰带与现代手袋结合，设计出既保留藏族文化特色，又满足现代生活需求的配饰，使得藏族腰带在日常生活中焕发新的活力，彰显出其深厚的文化底蕴和与时俱进的生命力。

在藏族丰富的文化传统中，腰带不仅在日常生活中扮演着实用角色，更在节日庆典中展现出独特的装饰价值。在诸如藏历新年、雪顿节等重要节日里，藏族人民会精心装扮，腰带作为服饰的重要组成部分，其色彩、图案和材质的选择都富含深意。例如，雪顿节期间，妇女们会佩戴色彩斑斓的丝质腰带，上面绣有吉祥八宝、日月星辰等图案，象征着吉祥如意和宇宙的和谐。这些腰带在舞蹈和仪式中随着身体的律动，犹如流动的画卷，增添了节日的喜庆气氛，也彰显了藏族文化的深厚底蕴和艺术魅力。

# 藏靴：穿越时空的足下艺术

## 一、藏靴溯源

藏靴的历史可以追溯到古老的游牧文化中，其起源与藏族人民的生活方式紧密相连。在远古时代，藏族先民以游牧为生，常年在高寒的青藏高原上迁徙，这对他们的服饰，尤其是鞋子，提出了特殊的要求。藏靴最初的设计旨在提供保暖、耐磨且适应复杂地形的足部保护。据史书记载，早在公元前7世纪，藏靴的雏形就已经形成，那时的藏靴多采用羊毛或皮革制作，以抵御严寒和风沙。

游牧生活的特性也影响了藏靴的样式。游牧民族需要频繁行走和骑马，因此藏靴的鞋底往往较厚，能够提供良好的缓冲和抓地力，鞋帮则设计得较高，以保护脚踝。这种设计不仅实用，更体现了人与自然和谐共处的智慧。正如古人所说："鞋是人的第二双脚。"藏靴便是游牧民族与自然环境长期互动的产物，是他们生活方式的生动写照。

此外，藏靴的制作工艺也深受游牧文化影响。早期的藏靴制作多由家庭手工艺人完成，他们在有限的资源下，通过世代相传的手艺，将皮革等天然材料转化为耐用的鞋子。这种传统工艺不仅体现了游牧民族的生存智慧，更是一种文化传承的体现，将古老的记忆深深刻在每一双藏靴之中。

## 二、藏靴的制作工艺

在藏靴的制作工艺中，材料选择是决定其独特风格和卓越品质的关

键步骤。藏靴主要采用天然皮革作为鞋面和鞋底的主要材料，这种皮革通常来自高原上的牛、羊等动物，其质地坚韧，能够抵御严寒和风沙，同时又具有良好的透气性，确保穿着者的舒适。例如，传统的藏靴会选用藏北高原特有的牦牛皮，这种皮革的纤维结构紧密，经过处理后既耐磨又保暖，适应了藏区高海拔的气候条件。

此外，藏靴的独特性还体现在其对独特织物的应用上。在鞋帮和装饰部分，工匠们会巧妙地融入各种彩色的棉、麻或羊毛织物，这些织物上的图案丰富多彩，多以吉祥的宗教符号、自然景观或民族图腾为设计元素，既增添了视觉的美感，又富有深厚的文化内涵。据史书记载，18世纪的藏靴就已经开始使用手工编织的彩色条纹布料，这种色彩的碰撞与融合，使得每双藏靴都成为独一无二的艺术品。

在现代，藏靴的材料选择在保留传统的基础上，也融入了更多创新。例如，有些工匠开始尝试使用环保的植物染色皮革，或者结合现代纺织技术，创造出更加丰富多样的织物图案，使得藏靴在保持传统韵味的同时，也更加符合现代人的审美需求和环保理念。这种对天然材料的尊重和创新使用，充分体现了藏靴作为非物质文化遗产的活态传承价值。

在藏靴的制作工艺中，从裁剪到缝制的精细过程是其核心环节，充分体现了藏族人民的智慧与匠心独运。首先，制靴师傅会精心挑选优质天然皮革，这些皮革通常经过日晒、风干等自然处理，确保其柔软度和耐用性。在裁剪阶段，师傅会根据预先设计好的模板，用特制的刀具准确切割出靴帮、靴底等各个部分，每一刀都需要精准无误，以保证各部分的契合度。

接下来是缝制过程，这是藏靴制作中最为精细的步骤。师傅会使用双线交叉缝法，这种缝法不仅增强了靴子的结构稳定性，还能防止水分渗透，确保在高海拔、严寒的环境下依然保暖舒适。在缝制过程中，线脚要求均匀、紧密，每一针每一线都充满了匠人的专注与虔诚。有

些藏靴还会在缝制过程中镶嵌彩色丝线，形成独特的装饰图案，增添了藏靴的艺术魅力。

在这一过程中，师傅的手感和经验起着至关重要的作用。正如藏族谚语所说，"一针一线，皆含匠心"，这不仅体现了藏靴制作的技艺传承，更展现了藏族文化对细节的极致追求。每一双藏靴都是独一无二的艺术品，它们承载着历史的记忆，见证了时间的流转，是藏族人民智慧与创造力的结晶。

藏靴的艺术装饰是其独特魅力的重要体现，尤其在图案与色彩搭配上，展现了藏族文化的深厚底蕴和独特审美。传统的藏靴在设计上往往融入了藏传佛教的元素，如莲花等图案，寓意着纯洁和吉祥。色彩上，以黑、棕、红、黄为主，这些颜色在藏族文化中具有特殊含义，如红色象征火焰和生命力，黄色代表土地和丰饶。这种色彩搭配不仅美观，更富有文化象征意义，让人在视觉上就能感受到藏靴背后的故事和信仰。

在制作过程中，工匠们会根据皮革的自然纹理和织物的图案，精心设计和缝制，使得每双藏靴都成为独一无二的艺术品。例如，来自西藏的某知名藏靴品牌，其产品上的图案都是手工绘制，每一道线条、每一个色彩都充满了匠心。这种对细节的极致追求，使得藏靴在世界鞋靴艺术中独树一帜，被誉为"行走的艺术品"。

此外，现代设计对传统藏靴的创新也体现在图案与色彩的搭配上。设计师们开始尝试将现代元素与传统图案融合，创造出既保留藏靴特色又具有时尚感的新款式。比如，有的藏靴会在鞋面上绣上雪山、草原等西藏地貌的图案，色彩上则更加大胆，运用渐变、

长筒藏靴

撞色等手法，使得藏靴在保持其文化内涵的同时，更加符合现代审美趋势，深受年轻消费者的喜爱。

## 三、藏靴的种类与风格

藏靴作为藏族文化的重要组成部分，其地域差异显著，各地的特色鲜明。在西藏的拉萨地区，藏靴以其精致的工艺和独特的设计闻名，通常采用上等牛皮制作，靴面常绣有吉祥八宝等象征吉祥的图案，色彩对比强烈，反映出高原阳光的明快感。而在四川阿坝藏区，藏靴则更注重实用性和保暖性，靴内常填充羊毛，靴帮较高，能有效抵御寒冷和雨水的侵袭，同时，靴面的图案更倾向于描绘当地的自然风光和生活场景，富有浓厚的地域特色。

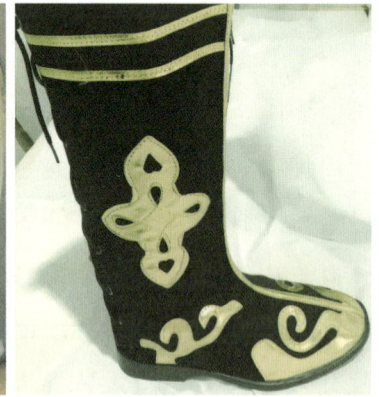

昌都藏靴　　　　　　舞蹈中用的藏靴

在青海的黄南藏族自治州，藏靴的制作工艺中融入了当地藏、汉、回等多民族文化的交流，形成了独特的风格。靴型较为修长，线条流畅，色彩搭配更加柔和，常以深蓝、暗红等低调的色彩为主，体现出青海湖畔的宁静与深邃。这种融合性的设计，不仅体现了藏靴的多元性，也展现了各民族和谐共处的文化内涵。

此外，藏靴的地域差异还体现在装饰元素上。例如，位于云南迪庆

的藏区，由于与藏南地区和汉族地区接壤，藏靴的装饰风格更加繁复，不仅有传统的藏式花纹，还融入了汉族的云锦图案，甚至可以看到南亚的色彩影响，形成了一种独特的"迪庆风格"藏靴，深受游客喜爱，也成为当地文化的一种独特表达方式。

藏靴作为藏族文化的重要载体，其种类与风格丰富多样，根据不同的功能区分，每种藏靴都有其独特的意义和用途。在日常生活中，藏靴以其舒适度和实用性著称。它们通常采用耐磨的天然皮革制作，底部的厚实设计既保暖又防滑，适应了高海拔地区多变的气候条件。藏靴的日常款式简洁大方，色彩以黑、棕等低调色系为主，反映出藏族人民对自然的敬畏和质朴的生活态度。

在节日和特殊场合，藏靴则展现出更为华丽的一面。例如，在藏历新年等重要节日，人们会穿上装饰有精美刺绣和宝石的节日藏靴，这些靴子上的图案往往富含吉祥寓意，如八吉祥图、莲花等，象征着对新一年的美好祈愿。在一些宗教仪式或舞蹈表演中，特殊的藏靴更是不可或缺，它们的色彩鲜艳，配以流苏或金属饰品，既增添了视觉效果，也强化了仪式的庄重感。

此外，藏靴在婚嫁等重要人生时刻也有特殊的地位。新娘的婚鞋通常会特别定制，用金线绣制出繁复的花卉图案，象征着繁衍和吉祥，同时也彰显出新娘的尊贵身份。这种根据场合定制的藏靴，不仅体现了藏族人民对生活的热爱和对仪式感的重视，也成了传承和展示藏族文化的载体。

正如著名民族学家费孝通先生所说："服饰是民族的名片。"藏靴以其独特的艺术魅力和深厚的文化内涵，向世界展示了藏族文化的独特魅力，增强了藏族人民的民族自豪感，同时也为全球文化的多样性做出了重要贡献。无论是国内还是国际，藏靴都在无声中传递着藏族人民的骄傲和对自身文化的热爱，这是无法用数字衡量的文化价值。

# 坎肩：风情与故事

## 一、坎肩的历史与溯源

藏族服饰文化博大精深，其中坎肩作为重要组成部分，见证了藏族历史的变迁。自古以来，藏族服饰随着游牧生活、农耕文明的交替以及与外界文化交流的深入而不断发展。据史书记载，早在吐蕃时期，藏族服饰就已形成初步样式，而坎肩作为便于劳作与保暖的服饰，逐渐在藏族人民中普及开来。随着时间的推移，坎肩在设计上融入了更多的艺术元素，如精致的刺绣和独特的图案，使其不仅具有实用性，更成为展示藏族文化的重要载体。

在藏族服饰的演变过程中，坎肩的地位日益凸显。在17世纪的格鲁派时期，坎肩的款式和装饰更加丰富，成为区分社会地位和地域特色的标志之一。例如，贵族和僧侣的坎肩常采用金线刺绣，图案寓意吉祥，而普通民众的坎肩则更注重实用和耐用。这种分化在一定程度上反映了藏族社会的结构和信仰，同时也体现了藏族人民对美的追求和对生活的热爱。

在现代，随着藏族地区与外界联系的加强，坎肩的设计

僧服坎肩（女式）

也受到了现代审美和时尚潮流的影响。许多设计师开始尝试将传统元素与现代设计相结合，创作出既保留藏族特色又具有时尚感的坎肩。例如，有的坎肩采用新型面料，结合藏族传统图案，既满足了现代人的穿着需求，又传播了藏族的传统文化。这种创新不仅丰富了坎肩的种类，也为藏族服饰文化的传承注入了新的活力。

藏族坎肩的演变历程，就像一部活生生的历史画卷，它承载着藏族人民的生活记忆、信仰观念和艺术创新。每一种款式、每一个图案都讲述着独特的故事，展现了藏族文化的深厚底蕴。正如著名人类学家玛格丽特·米德所说："服饰是文化的皮肤，它揭示了一个民族的历史和精神。"通过研究和传承坎肩，我们得以更深入地理解和欣赏藏族文化的魅力。

## 二、坎肩的制作工艺

在藏族服饰文化中，坎肩的制作工艺是其独特魅力的重要组成部分。材料的选择，如羊毛、丝绸，以及融入的藏族特色，不仅体现了藏族人民对自然的敬畏和利用，也展示了他们深厚的文化底蕴。羊毛，作为西藏最常见的天然纤维，以其保暖性强、耐用性好的特性，常被用于制作坎肩，以抵御高海拔地区的寒冷气候。例如，传统的藏族羊毛坎肩，以其粗犷的质感和独特的编织手法，成为藏族服饰的标志性元素之一。

另一方面，丝绸则更多地被用于制作节日或特殊场合穿着的坎肩。丝绸的光泽和柔软性，使得坎肩在视觉上更加华丽，彰显出穿戴者的尊贵身份。在一些重要的仪式或庆典中，人们会穿着丝绸制成的坎肩，以示庄重和庆祝的气氛。这种结合羊毛与丝绸的技艺，体现了藏族人民在生活与艺术之间的精妙平衡。

此外，藏族特色的融入使得坎肩更具地方特色和文化象征。例如，

有些坎肩会在领口、袖口或下摆处绣上藏族传统的吉祥图案,如八吉祥图、雪域山水等,这些图案不仅美观,还蕴含着丰富的象征意义,如对和平、丰饶的祈愿。这种将自然、生活与信仰融入服饰的做法,正如藏族谚语所说:"我们的衣服是大地的色彩,我们的图案是天空的编织。"

坎肩的制作工艺是藏族服饰文化中的一大亮点,其中刺绣、编织与镶边技艺尤为引人注目。藏族坎肩的刺绣,以其精细的工艺和丰富的象征意义著称。例如,常见的莲花、祥云图案,寓意着纯洁和吉祥,每一针一线都充满了对生活的敬畏和祝福。在藏北地区,坎肩的领口和袖口常以金线绣制,彰显出华贵与庄重。

编织工艺在坎肩的制作中同样不可或缺。藏族人民巧妙地利用羊毛,编织出独特的纹理和图案,这些图案不仅美观,还能起到保暖和防风的作用。例如,康巴地区的坎肩就以其独特的编织技艺闻名,其复杂的图案设计和精细的手工编织,充分展示了藏族人民的智慧和匠心。

镶边是坎肩工艺中的点睛之笔。在坎肩的边缘,工匠们会镶嵌上彩色的丝线或者珠子,这些镶边不仅增加了坎肩的视觉效果,也起到了强化结构、延长使用寿命的作用。在一些重要的节日庆典中,人们会穿着镶有宝石或金属片的坎肩,这些装饰在阳光下闪烁,更增添了坎肩的华美和神秘感。

综上所述,坎肩的工艺特色在于其精美的刺绣、独特的编织和精致的镶边,这些元素共同构成了坎肩丰富的艺术价值和深厚的文化内涵,使得每一件坎肩都成为藏族文化独特的载体和生动的讲述者。

坎肩作为藏族服饰的重要组成部分,其风格在不同地区展现出了丰富的多样性。在西藏的拉萨地区,坎肩常常以深色为主,如黑色或深蓝色,搭配精致的银饰,彰显出庄重与神秘的气质。而在四川阿坝藏区,由于气候较为温暖,坎肩则多采用明亮的色彩,如红色、黄色,上面

绣有吉祥的图案，如八吉祥图，既保暖又富有活力。再如青海的黄南藏区，由于地处高原，坎肩的制作会选用羊毛等保暖材料，设计上更加注重实用性，常以几何图案装饰，体现与自然的和谐共生。这种地域差异不仅反映了藏族对自然环境的适应，也展示了各地区独特的文化风貌和审美取向。

### 三、坎肩的款式与设计

基本款式：长袖、短袖与无袖。在藏族服饰文化中，坎肩的款式丰富多样，主要分为长袖、短袖与无袖三种类型，每一种款式都蕴含着独特的意义和功能。长袖坎肩通常在较为寒冷的高原地区更为常见，其长袖设计不仅能够提供额外的保暖效果，还常常被装饰以精致的刺绣，展示出藏族人民的高超工艺和对生活的热爱。短袖坎肩则适应了温暖季节或室内活动的需要，既保持了身体的舒适，又不失为一种时尚的装饰。无袖坎肩在藏族传统舞蹈或特定仪式中尤为突出，它允许穿着者在活动中更为自由地舒展身体，同时也成了展示身体语言和表达情感的一种方式。无论是哪种款式，坎肩都以其独特的设计语言，讲述着藏族人民与自然环境的和谐共生，以及他们丰富多彩的生活习俗和信仰世界。

设计元素：图案、色彩与象征意义。在藏族坎肩的设计中，图案、颜色与象征意义是至关重要的元素。图案往往富含深邃的寓意，如常见的八吉祥图、莲花、宝伞等，这些图案源自藏传佛教，代表着智慧、纯洁和庇护等概念。例如，莲花图案象征着在世俗的污浊中保持内心的纯净，体现了藏族人民对精神世界的追求。颜色的选择同样富有象征性，藏族坎肩常用的颜色有红、黄、蓝、白等，红色代表火焰，象征热情与活力；黄色寓意土地，象征丰饶与和平；蓝色象征天空，寓意广阔与自由；白色则代表云朵，象征纯洁与和平。这些颜色的搭

配不仅美观，更体现了藏族人对自然和宇宙的敬畏。在设计中，设计师会根据场合、性别甚至个人的信仰来巧妙地组合图案和颜色，使得每一件坎肩都成为独特的精神载体，讲述着藏族的历史、信仰和生活哲学。

男女坎肩的区别：在藏族服饰文化中，坎肩作为重要的组成部分，其在男性与女性之间的差异性体现出了独特的审美观念和性别角色的划分。女性的坎肩往往更加注重装饰性和精致感，常见的设计会包括繁复的刺绣，色彩斑斓的图案，以及象征吉祥如意的元素，如莲花、八吉祥图等，这些设计旨在彰显女性的柔美和内在的虔诚。而男性坎肩则以简洁大方为主，色调偏向于深色或中性色，如藏青、棕色，更加强调实用性和耐穿性，体现出藏族男性粗犷、坚韧的特质。

在款式上，女性坎肩可能会有收腰的设计，以突出女性的曲线美，而男性坎肩则通常保持直筒型，以适应劳动和骑马等活动。此外，女性的坎肩在领口、袖口等处可能会有镶边装饰，而男性的坎肩则更注重材质的质地和缝制的工艺。例如，藏北地区的女性坎肩可能配有繁复的银饰，而男性坎肩则可能采用羊毛编织，既保暖又实用。

这种差异并非一成不变，它随着社会变迁和时尚潮流的影响而有所调整。现代设计中，女性的坎肩也开始借鉴男性的简洁线条，而男性坎肩则可能融入更多的色彩和图案元素。然而，无论怎样变化，坎肩始终是藏族文化中性别角色和审美观念的一种视觉表达，是藏族服饰文化中不可或缺的一部分。

藏族服饰文化博大精深，其中坎肩作为极具代表性的元素，承载着丰富的历史记忆和民族特色。它不仅是一种实用的穿着，更是一种艺术的展现和精神的象征。从古至今，坎肩在藏族社会中扮演着连接传统与现代、本土与国际的角色。例如，我们可以看到，不同地区的坎肩，如拉萨、安多或康巴地区的样式，各具特色，反映出地域文化的多样性。这些独特的设计，无论是精致的刺绣，还是鲜艳的色彩搭配，都体现

了藏族人民的智慧和创造力。正如著名人类学家玛格丽特·米德所说，"服饰是文化的速写本"，坎肩正是打开藏族文化的一扇窗，邀请我们一同深入探索其深远的内涵和魅力。

# 帮典：藏族文化瑰宝与叙事艺术

## 一、帮典的起源与发展

在遥远的过去，帮典的早期形态可以追溯到西藏的早期文明时期。据史书记载，早在公元 7 世纪，帮典就已初具雏形，那时它更多地被用作实用性的装饰，如用来保暖或作为身份的象征。早期的帮典制作简单，可能由羊毛或动物皮毛编织而成，色彩和图案相对单一，主要

毛强帮典（西藏博物馆藏）

以黑、白、褐等自然色为主。这些早期的帮典在藏族人民的日常生活中扮演着重要角色，它们不仅反映了当时生活环境的艰苦，也体现了藏族人民的智慧和创造力。随着时间的推移，帮典逐渐从实用品演变为艺术品，其制作工艺和设计也日益精进，成为藏族文化中不可或缺的一部分。

帮典，作为藏族文化中的一种独特艺术形式，起源于远古时期，早期形态主要表现为简单的羊毛编织物，用以保暖和装饰。随着藏族社会的发展，帮典逐渐演变为一种表达信仰、象征地位和传递故事的载体。在历史的长河中，帮典不仅在藏族服饰中占据重要地位，更在藏族的日常生活、节日庆典以及仪式活动中扮演着不可或缺的角色。

在制作工艺上，帮手的材料从最初的羊毛发展到使用丝绸、棉布等，编织技艺也日益精湛，形成了独特的图案设计。这些图案往往蕴含着深厚的象征意义，如吉祥八宝、云纹、莲花等，反映了藏族人民对自然、和谐与吉祥的向往。例如，藏北地区帮典的图案以几何形状为主，而藏南地区的帮典则更注重色彩的对比和细腻的线条描绘，这既体现了地域特色，也展示了藏族文化的丰富多样性。

在藏族的日常生活中，无论是农耕、放牧，还是参加婚礼、葬礼，人们都会佩戴或悬挂帮典，以示尊重和庄重。在节日和仪式中，帮典更是被赋予了神圣的含义，如在藏历新年时，人们会挂上新织的帮典，祈求新的一年平安吉祥。此外，帮典与藏族服饰的融合，如与藏袍、藏帽的搭配，展现了藏族独特的审美观和服饰艺术。

进入现代社会，帮典的传承与创新并行不悖。在被列为非物质文化遗产后，帮典的保护工作得到了重视，传统编织技艺得以传承。同时，现代设计师也开始将经典的元素融入时尚设计中，如服装、家居饰品等，使得这一古老艺术形式焕发出新的生命力。在国际文化交流中，帮典成为传播藏族文化的重要媒介，让更多的人通过帮典了解和欣赏藏族的智慧与创造力。

帮典作为视觉叙事的载体，其上的图案和色彩讲述了藏族的历史、信仰和民间故事。这些故事和传说，如同藏族口头传统的活化石，承载着民族的记忆，激发着后人对传统文化的敬仰和传承。正如藏族谚语所说："经典的色彩，是历史的画卷。"这充分体现了帮典在藏族文化中的深远影响和不可替代的价值。

## 二、帮典的制作工艺

材料选择：在帮典的制作工艺中，材料选择是至关重要的一步。传统的帮典主要采用羊毛、丝绸或棉线等天然纤维编织而成，这些材料不仅耐用，而且在高海拔的藏区具有良好的保暖性能。例如，藏北地区常见的帮典多以羊毛为主，因其保暖性强，适应当地寒冷气候；而西藏南部地区，由于气候较为温暖湿润，帮典则更多地使用丝绸，显得更为华丽且透气性好。此外，材料的颜色和质量也直接影响到帮典的视觉效果和整体质感，因此在选取材料时，工匠们会根据当地自然资源和传统习俗精心挑选，以确保帮典的品质和文化内涵。

编织技艺：经典的编织技艺是其独特魅力的重要来源。这种技艺源自藏族人民的智慧，经过世代相传，形成了独特的艺术风格。在制作帮典时，工匠们通常会选择优质的羊毛、丝绸或棉线，经过染色处理，使其色彩鲜艳且持久。据历史记载，早在公元7世纪，藏族地区就已经出现了手工编织的技艺，而经典的编织技术在这一过程中不断精进和完善。

编织过程中，工匠们会运用独特的经纬交错手法，创造出丰富多样的图案。这些图案不仅美观，而且富含象征意义，如云朵象征吉祥，莲花代表纯洁。在西藏的某些地区，如山南和拉萨，甚至有专门的编织技法和图案设计，使得每一条帮典都成为独一无二的艺术品。

此外，帮典的边缘处理也是一门精细的工艺。为了确保帮典的耐用

性，工匠们会在边缘处进行加固缝制，同时保持整体的美观。这种对细节的专注，体现了藏族人民对传统文化的尊重和传承。

在 21 世纪的今天，一些现代设计师也开始尝试将传统的帮典编织技艺与现代设计理念相结合，创造出更具时尚感的帮典产品。这种创新不仅让古老的技艺焕发新生，也为藏族文化的传播开辟了新的路径。

总的来说，帮典的编织技艺是藏族文化的重要组成部分，它承载着丰富的历史信息和民族记忆，是人类非物质文化遗产中的一颗璀璨明珠。

## 三、经典的纹样设计与象征意义

帮典的图案设计独具匠心，特点鲜明。首先，其图案多采用几何形状，如圆形、方形、三角形等，通过巧妙地组合和排列，形成了丰富多变的视觉效果。此外，植物、动物和抽象纹样也常见于帮典图案中，这些图案在保持藏族传统特色的同时，又融入了一定的现代审美元素，使得帮典更加时尚美观。

在色彩运用上，帮典的图案通常采用对比鲜明的颜色搭配，如红、黄、蓝、绿等，这些色彩既符合藏族人民的审美习惯，又能够突出图案的层次感和立体感。同时，帮典的图案设计还注重细节处理，如线条的粗细、纹样的疏密等，都体现了藏族手工艺人的精湛技艺。

帮典的图案设计具有丰富的象征意义。首先，几何形状的图案往往代表着圆满、完整和和谐，这体现了藏族人民追求美好生活、崇尚和谐的民族性格。植物和动物纹样则常常寓意着生命力和繁衍能力，表达了藏族人民对大自然的敬畏和崇拜。此外，一些特殊的纹样如莲花、祥云等，还寄托着藏族人民对幸福、吉祥和美好生活的向往。

## 第五章
DI WU ZHANG

饰品的韵律与象征

藏族饰品文化是藏族服饰文化的重要组成部分。藏族饰品不仅是藏族百姓日常生活的一部分，也是其宗教信仰、社会结构和艺术创造力的生动体现。本章重点讲述了金饰、珊瑚、珍珠、牙骨饰品、银饰、骨头与金属相结合的饰品，以及珠宝饰品等的文化内涵、制作工艺、佩戴习俗等。

## 藏族饰品的起源与历史

藏族饰品在服饰文化中的地位是无可替代的。它们不仅是藏族人民日常生活的一部分,更是其深厚宗教信仰、社会结构和艺术创造力的生动体现。例如,金饰在藏族社会中常被视为尊贵的象征。而珊瑚和珍珠的使用,既展示了与自然的和谐共处,也象征着生命的活力与美好。此外,独特的牙骨饰品,虽然源自对野生动物的原始崇拜,但随着时间的推移,它们逐渐成为佩戴者身份和地位的象征,被赋予特殊的护身功能,有着独特的文化意义。

在藏族的节日和仪式中,饰品的佩戴更是有着特定的习俗。男性和女性的饰品差异明显,如男性常佩戴银质的图腾戒指,象征力量和勇气,而女性则喜欢佩戴色彩艳丽的珠宝,表达着对幸福和美丽的追求。这些佩戴习俗不仅强化了性别角色,也通过分享、展示和心理暗示加强了人们的群体凝聚力。饰品的佩戴还与人生阶段紧密相关,如儿童的饰品小巧活泼,寓意快乐健康,而老年人的饰品则更显庄重,象征智慧和尊严。

藏族饰品的文化象征意义深远,在宗教哲学层面,一些饰品融入了藏传佛教的元素,如六字真言、吉祥八宝图案等,寓意着与人为善和净化心灵。同时,某些饰品如骨质念珠,还被赋予了避邪驱魔的功能,体现了藏族人民对平安喜乐、吉祥健康的诉求。在社会层面,饰品的贵重材质和精细工艺,往往成为财富和地位的象征,如富人和贵族阶层的饰品,其奢华程度和独特设计往往能吸人眼球,也彰显出佩戴者的特定身份。

# 饰品的种类与特色

## 一、金饰的种类：从佛像到日常配饰

在藏族饰品的丰富世界中，金饰占据着极为重要的地位，象征着信仰与神圣的力量。金色，自古以来就被视为太阳的颜色，代表着温暖、光明和无尽的生命力。

金这种贵重物品，注定成为藏族饰品的贵重原料。我们可以看到，金饰不仅是财富的象征，更是信仰与文化的载体。在寺庙中，金常被用于装饰佛像和重要建筑物，金箔覆盖，熠熠生辉。这些金饰往往由技艺高超的工匠精心雕琢，历经

金光灿灿的金手镯

多道工序打造。日常生活中，藏族人民也钟爱佩戴金饰，如金手镯、金项链、金耳环甚至是金腰带，金质饰品色泽鲜亮，工艺精湛，价值较高，它们不仅是装饰品，更是财富，也寄托着佩戴者对平安、吉祥的祈愿。这种从宗教仪式到日常生活的过渡，充分体现了金饰在藏族文化中的深远影响和多元功能。

## 二、珊瑚与珍珠的融合

在藏族饰品的丰富种类中，珊瑚与珍珠的融合展现了一种独特的艺

术魅力。珊瑚，以其鲜艳的红色，象征着生命的活力和吉祥，常被用于表达对神灵的敬畏。而珍珠，以其温润的光泽和纯净的质地，代表着纯洁和高贵，常被藏族人民视为吉祥如意的象征。这两种材质的结合，不仅在色彩上形成了鲜明的对比，更在文化寓意上达到了和谐统一，体现了藏族饰品设计的深邃智慧。

在传统的藏族饰品中，珊瑚和珍珠往往会被巧妙地设计在同一件作品中，如项链、耳环或头饰。例如，一件古老的藏族项链，其主体由珊瑚串成，其间穿插着颗颗圆润的珍珠，犹如红云中点点白露，既富有视觉冲击力，又不失优雅韵味。这种设计不仅展现了藏族人民对美的独特追求，也体现了他们对于人与自然、人与宇宙和谐共生的哲学思考。

此外，珊瑚与珍珠的融合还反映了藏族文化对外来元素的吸收与创新。珍珠在藏族饰品中的应用，可以追溯到与中原和中亚地区的文化交流。通过丝绸之路，珍珠等海洋珍宝被引入西藏，与当地的珊瑚等资源相结合，创造出具有藏族特色的新饰品风格。这种融合，不仅丰富了藏族饰品的种类，也彰显了藏族文化开放包容的特性，是多元文化交流的生动例证。

## 三、牙骨饰品的制作：野生动物与神圣力量的象征

在藏族饰品文化中，牙骨饰品以其独特的制作工艺和深远的象征意义，展现了藏族人民对自然和神圣力量的敬畏。这些饰品通常由野生动物的骨头或牙齿制成，如野狼、野牦牛、野羊或猎物的骨头，它们不仅是对猎获物的纪念，更是信仰与力量的载体。在古代，藏族猎人相信这些动物的力量会通过其骨骼传递给他们，为佩戴者带来勇气和护佑。例如，一些藏族部落的首领会佩戴熊的头骨饰品，象征着智慧和力量，以此来领导和保护部落。这种信仰反映在饰品中，使得每一

件牙骨饰品都充满了神秘和神圣的气息。

在制作过程中，工匠们会精心挑选骨骼，经过清洗、雕刻、打磨和彩绘等多道工序，将动物的原始形态转化为富有艺术感的饰品。这些饰品上的图案往往富含象征意义，如云纹、雷纹等，寓意着自然的力量和宇宙的奥秘。同时，工匠们还会在骨头上刻写经文或符咒，以期赋予饰品更强大的精神力量。这种对野生动物遗骸的再创造，不仅是对生命的敬畏，也是对藏族传统信仰的深刻体现。

然而，随着社会变迁和环保意识的提高，现代藏族饰品制作更多地使用仿制材料，以保护野生动物。尽管如此，牙骨饰品的象征意义并未减弱，反而在新的形式中得到了传承和发扬。它们继续作为藏族文化的重要载体，讲述着人与自然、信仰与力量之间的古老故事，向世界展示着藏族文化的独特魅力和深远智慧。

牦牛头饰品

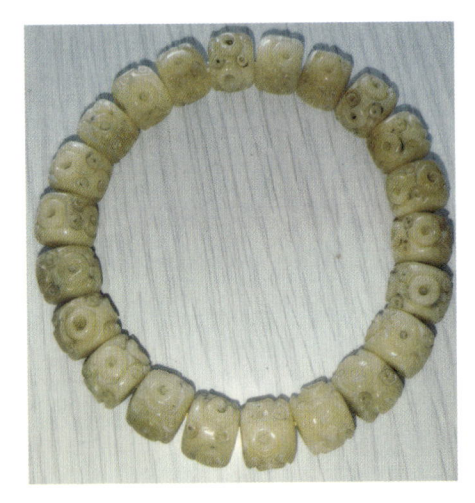

牛骨手串

## 四、银饰的图案：吉祥物与神话故事的刻画

在藏族饰品的丰富世界中，银质饰品被广泛应用，藏银的出现和推

广使得这一类饰品容易被得到，由于含银量较低，藏银的价格也相对较低，但是在饰品制作中，藏银的易于重塑性较高，这就为其普遍使用奠定了基础。

银质饰品往往配有独特的图案设计，一般为吉祥物或者是带有祈福性质的文字。这些图案精美，使得它们自然地成了艺术品，同时也蕴含着藏族人民心灵的一些寄托。例如，银饰上常会出现龙、凤、麒麟等神兽形象，它们源自古老的苯教神话，象征着力量、智慧和祥瑞。每一种图案的刻画，都蕴含着深远的寓意，如龙象征着风调雨顺和物产丰饶，是藏族农耕文化的重要象征。此外，莲花图案的出现，寓意着纯洁，体现了藏族人民对善良宁静的追求。这些图案的精心雕刻，充分展示了银饰匠人们的高超技艺和对传统文化的敬畏之心，使得每一件银饰都成为可以讲述故事的艺术品。

## 五、骨头与金属的创新结合

在藏族饰品的丰富世界中，骨头与金属的创新结合展现出独特的艺术魅力。这种结合并非偶然，而是藏族人民对自然敬畏和生活智慧的结晶。例如，一些藏族饰品会采用牛骨或鹿骨，经过精细的打磨和雕刻，与银、铜等金属巧妙融合，形成别具一格的设计。这种创新不仅体现了材料的再利用，也赋予了饰品更深的象征意义。金属的坚韧与骨头的原始质感相映成趣，象征着力量与生命的交融，体现了藏族文化中对生死、自然与神圣的深刻理解。在现代设计中，这种结合方式更是得到了新的诠释，设计师们将传统的骨饰元素与现代金属工艺结合，创造出既保留传统韵味又富有现代感的饰品，使得藏族饰品在世界舞台上独树一帜。

## 六、珠宝：多彩的祈福之物

在藏族服饰文化中，珠宝作为多彩的祈福之物，承载着深厚的文化内涵和祝福的寓意。这些珠宝通常以珊瑚、绿松石、天珠等多彩宝石为主，每一种颜色都有着不同的象征意义。珊瑚，以其鲜艳的红色，象征着生命的力量和繁荣，常被用于祈求丰饶和子孙繁衍。而绿松石，因其碧绿的颜色，被视作是天空和自然的象征，佩戴者期望获得智慧和保护。天珠，更是因其神秘的图案和传说中的灵性力量，被尊为避邪祈福的圣物。

天珠

| 一眼天珠 | 二眼天珠 | 三眼天珠 |
|---|---|---|
| 光明之珠 | 缘分之珠 | 财富之珠 |
| 寓意光明舒畅，促进智慧增长，达成愿望 | 能够获得更好的姻缘，家庭兴旺、夫妻和睦 | 藏族的财神天珠，祈福财运事业，财富不断 |
| 四眼天珠 | 五眼天珠 | 六眼天珠 |
| 平安之珠 | 财寿之珠 | 顺利之珠 |
| 出入平安、四通八达，增福慧 | 五方财神、无往不利，可以圆润五行，保护家业 | 六六大顺、财源广进，有利于创造财富类的事业 |
| 七眼天珠 | 八眼天珠 | 九眼天珠 |
| 吉利之珠 | 幸福之珠 | 珠中之王 |
| 大吉大利，圆满一切健康、财富、婚姻、事业 | 起运宝石，保佑一切顺利、事事好运 | 功德显赫，为天珠最上品，一切功德圆满如意 |

天珠寓意

在藏族的节日和仪式中，人们会佩戴各种珠宝，以祈求平安和吉祥。例如，在藏历新年时，妇女们会佩戴满是宝石的项链和耳环，以此来祈愿新的一年里家庭和睦，五谷丰登。这些珠宝不仅装点了藏族人民的日常生活，更在无形中强化了对传统文化的认同感。

此外，珠宝的制作过程中，工匠们会将各种宝石精心排列组合，形成独特的图案，如八吉祥图、莲花等，这些图案蕴含着佛教的教义和哲学思想。每一件珠宝都如同一部微缩的史诗，讲述着信仰、敬畏和对美好生活的向往。因此，珠宝在藏族文化中，不仅是装饰，更是一种精神寄托，是人与神灵、自然之间沟通的桥梁。

妇女头饰：巴珠（拉萨地区流行）

# 饰品的制作工艺

## 一、传统手工技艺的传承

在藏族饰品文化中，传统手工技艺的传承是其独特魅力的重要组成部分。自古以来，藏族工匠们凭借精湛的技艺，将金属、珊瑚、珍珠、骨头等材料，巧妙地转化为富有象征意义的饰品。例如，银饰的制作过程中，工匠们会用手工雕刻出各种吉祥图案，如神兽、花纹等。这种技艺的传承，不仅仅是技术的传递，更是一种文化记忆的延续，正如古人所说："工欲善其事，必先利其器。"这里的"器"不仅是物质的饰品，更是雕刻技术的精湛。

在现代，尽管面临机械化生产与快速消费文化的冲击，但藏族传统手工饰品的制作依然保持着旺盛的生命力。许多藏族社区和手工艺人致力于保护和传承这些技艺，他们通过师徒相传、工作坊教学等方式，将古老的制作技术传授给年轻一代，培养出一批批能熟练掌握复杂工艺的年轻工匠。这种努力不仅保留了藏族的非物质文化遗产，也为当地经济和社会发展注入了新的活力。

此外，一些现代设计师也开始尝试将传统藏族饰品元素与现代设计理念相结合，创造出既保留传统韵味又具有时代感的新作品。这种创新性的传承方式，不仅使藏族饰品文化焕发出新的光彩，也为传统手工技艺的持续发展开辟了新的道路。正如著名设计师王明所说："传统不是过去的复制品，而是创新的源泉。"这种融合传统与现代的尝试，无疑为藏族饰品文化的传承提供了更为广阔的空间。

## 二、精细的雕刻与镶嵌艺术

在藏族饰品文化中，精细的雕刻与镶嵌艺术别具风采，为饰品注入了生命和灵魂。雕刻和镶嵌对于饰品不仅是一种简单加工，更是将工艺美术与精神信仰相结合的结晶。银饰上常雕刻有各种吉祥图案，每一笔都细腻入微，传承着匠人对文化的理解和尊崇，展现出匠人精湛的技艺与对生命的热爱。有些复杂的饰品图案制作可能需要数月甚至数年时间，这种对细节的执着追求，彰显了藏族人民对艺术的敬仰和对传统文化的尊重。同时，镶嵌工艺在藏族饰品中也被广泛应用，珊瑚、珍珠、绿松石等宝石被巧妙地镶嵌在金属上，形成色彩斑斓的视觉效果，既增添了饰品的华贵感，又赋予了其更深的象征意义，如生命、繁荣和神圣的寓意。

## 三、材料的选择与处理

在藏族饰品的制作过程中，材料的选择与处理是一个重要环节。藏族饰品的材料丰富多样，包括金、银、珊瑚、珍珠、牙骨等，每种材料都有其独特的象征意义和文化背景。例如，金饰在藏族文化中被视为神圣的金属，价格和价值都相对较高，常用于制作高级饰品，其质地和颜色象征着尊贵和永恒。在处理金质材料时，工匠们会小心翼翼地用专用工具和专用托盘，制订完整的处理方案，每一步的制作都蕴含着对材质的无比珍视。而在饰品上雕刻吉祥物和文字图样，工匠们会根据材料的特性进行判断，手工饰品的完成既展示了高超的技艺，也赋予了饰品深厚的人文内涵。例如，珊瑚和珍珠的融合，不仅要求色彩和形状的协调，更需要保证材料的天然之美。这种对细节的极致追求，使得每一件藏族饰品都成为独一无二的艺术品，承载着藏族人民的历史记忆和精神寄托。

# 饰品的佩戴习俗

## 一、男女饰品的差异

在藏族服饰文化中，男女饰品的差异体现出了性别角色的特质与社会期望。男性饰品通常更为粗犷大气，如大颗金珠子串成的金项链，霸气威猛，尽展阳刚之气，展现坚定与力量。而女性的饰品则更为精致细腻，珊瑚、珍珠与多彩的珠宝被巧妙地融入设计，既彰显女性的柔美，也承载着祈福的寓意。在节日仪式中，男性还会佩戴大型的银质耳环和大串的珊瑚串珠，象征着勇敢与威严，而女性则会佩戴制作精美的项链和金银手镯，以展示其优雅与端庄。这种差异不仅反映了藏族社会的性别分工，也体现了对和谐与平衡的追求。

男性在日常生活中，可能会佩戴刻有符文的金戒指，或者挂有护佑平安的天珠，这些饰品不仅是装饰，更体现了他们对平安、财富和自由的追求。相比之下，女性的饰品更多元，除了装饰性的耳环、手镯，还会在发间插上珊瑚或珍珠的发簪，这些饰品不仅装点外在，也寄寓了对生活的热爱和对未来的期盼。这种差异性在藏族服饰文化中形成了一种独特的视觉语言，为研究性别角色与文化传承提供了丰富的素材。

## 二、节日与仪式中的饰品佩戴

在藏族文化中，化妆和佩戴饰品是一种礼节，尤其对妇女而言，每一种饰品都蕴含着对家人的爱和对他人的尊重。尤其在节日与仪式中更为重要，所以我们通常在节日和仪式中看到藏族人民盛装出席，成为一道亮丽的风景线。例如，藏历新年这样的盛大庆典，就是饰品各显神通的道场，人们会佩戴最为珍贵的金、银、珊瑚、珍珠等饰品，以展示节日的喜庆和对新一年的诚挚祈福。男性通常会在帽子上挂上宝石镶嵌的饰物，象征智慧与力量；女性则会佩戴项链、耳环和手镯，以示重视和尊崇。穿戴着精美服饰的藏族人民，载歌载舞，各具特色的饰品文化交相辉映，衬托出生活的美好和对未来的美丽祈愿。这些饰品的佩戴，不仅遵循着世代相传的习俗，也体现了个人对信仰和文化的尊重。这些饰品的使用，加深了节日和仪式的庄重感，也使个人在集体庆祝中更加光彩夺目，体验到幸福、和谐与安宁。

## 三、饰品与人生阶段的关联

在藏族文化中，饰品还是人生不同阶段的见证。例如，儿童时期，藏族孩子们会佩戴小巧的护身符吊坠，寓意着神灵的庇护与平安成长。当他们进入青少年时期，会换上更为精致的饰品，如银质的长链或珊瑚珠串，这些饰品往往在节日或重要仪式中佩戴，象征着他们逐渐承担起社会与文化的责任。成年后，男性可能会佩戴刻有文字或图腾的金戒指，展示其成年礼的完成和对家族的责任，而女性则会佩戴更丰富的首饰套装，以展示其美丽与内在的丰富性。到了老年，骨质或金属的饰品则更多地体现出岁月的智慧与内在的宁静。这种与人生阶段的关联，使得藏族饰品不仅仅是物质的，更是精神的寄托，承载着个人成长的历程和文化的传承。

# 饰品的象征意义

## 一、信仰力量的体现

在藏族饰品文化中,信仰的力量一直存在。从古以来,藏族人民深信,饰品不仅是一种装饰,更是一种能带给人类力量的载体,在现实生活中的一些难以解决的问题,饰品会散发出特殊力量。例如,饰品中的符文,不是简单的文字,是能够通神的符号。这些饰品在制作时,工匠们会以无比的敬畏之心刻画,期望佩戴者能得到庇护和帮助。此外,银饰上的吉祥物和神话故事图案,如六字真言、八吉祥图等,都是宗教教义的视觉化表达,佩戴者通过这些饰品与信仰世界建立起联系,寻求内心的安宁与力量。人们佩戴的红宝石、蓝宝石等宝石在藏传佛教中被视为圣石,寓意驱邪避凶,祈求平安吉祥。这些习俗充分体现了信仰在藏族生活中的深远影响,使饰品成为连接世俗与神圣的桥梁。

在传统与现代的交融中,藏族饰品的信仰象征意义并未因时间的流逝而淡化。现代设计师在创新设计时,会巧妙地融入这些传统元素,如将吉祥图案与现代几何形状结合,既保留了文化内涵,又赋予了饰品新的时尚感。这种对传统的尊重和创新,使得藏族饰品在中华文化舞台上独树一帜,成为传播民族文化和精神理念的重要载体。

## 二、社会地位与财富的象征

在藏族饰品文化中,饰品也是社会地位和财富的象征。例如,金饰,尤其是那些镶嵌有宝石的金项链和金手镯,往往只在贵族和富裕家庭

中流传，因为它们的珍贵材质和精细工艺直接反映了佩戴者的经济实力。据历史记载，18世纪的西藏，贵族女性的头饰上会挂有大颗的金质饰物，这不仅是财富的展示，也是地位的象征。此外，银饰在藏族社会中也有类似的作用，虽然相对于金饰来说，银饰可能更为普及，但其上的复杂图案和雕刻，同样体现了佩戴者的社会地位。这些饰品在设计时，往往会融入吉祥物或家族徽记，进一步强化了其象征意义。

在日常生活中，人们通过观察他人的饰品，可以大致判断其社会地位和生活状况。在节日或重要仪式上，这种象征意义更为明显。比如，男性佩戴的象牙或骨头制成的腰饰，如果装饰繁复，往往意味着他在部落中的威望和狩猎能力。而女性的饰品，如大颗珊瑚或绿松石的耳环，数量和大小则可能暗示其家庭的富裕程度。这种通过饰品来展示社会地位和财富的习俗，不仅存在于藏族，也是世界各地许多文化中的共通现象，正如英国人类学家詹姆斯·乔治·弗雷泽在《金枝》中所描述的那样，饰品是"穿戴在身的荣耀"。

# 第六章
DI LIU ZHANG

藏族服饰的剪裁与缝制

藏族服饰的剪裁与缝制技艺源远流长，是一门深奥的艺术。它要求缝制师傅们具备精湛的技艺、敏锐的观察能力，以及深厚的文化底蕴。通过缝制师傅们的一双双巧手，藏族服饰得以展现出独特的魅力，展示了藏族文化的独特风采。

# 藏族服饰剪裁的历史传承与技艺特点

藏族服饰的剪裁技艺源远流长，承载着深厚的民族文化底蕴。在历史的长河中，藏族人民以其独特的审美观念和精湛的手工技艺，创造出了众多独具特色的服饰款式。这些服饰不仅具有极高的艺术价值，更是藏族人民身份认同和文化传承的重要载体。

藏族服饰的剪裁技艺特点鲜明，注重整体造型的和谐与平衡。在剪裁过程中，藏族裁缝们会根据个体的身材特点和穿着需求，进行精确的测量和剪裁。他们善于运用各种剪裁手法，如直线剪裁、曲线剪裁等，使服饰既符合人体工学原理，又展现出独特的民族风格。同时，藏族服饰的剪裁还注重色彩和图案的搭配，通过巧妙的组合和变化，营造出丰富多彩的视觉效果。

以藏族传统长袍为例，其剪裁技艺堪称一绝。长袍的剪裁注重整体线条的流畅和舒展，通过精确的剪裁和缝制，使长袍在穿着时既贴身又舒适。同时，长袍上的图案和装饰也经过精心设计和剪裁，展现出藏族文化的独特魅力。这些技艺的传承和发展，不仅丰富了藏族服饰的种类和风格，也为藏族文化的传承和发展注入了新的活力。

在现代社会中，随着科技的发展和时尚潮流的变迁，藏族服饰的剪裁技艺也在不断创新和发展。一些藏族裁缝开始尝试将现代剪裁技术与传统技艺相结合，创造出更具时代感和个性化的服饰款式。同时，一些设计师也开始将藏族服饰元素融入现代时装设计中，使藏族服饰的魅力得以更广泛地传播和认可。

总之，藏族服饰的剪裁技艺是藏族文化的重要组成部分，具有深厚的历史底蕴和独特的艺术魅力。通过不断传承和创新，这些技艺将继续在藏族服饰制作中发挥重要作用，为藏族文化的传承和发展贡献力量。

# 剪裁过程中的测量方法与技巧分享

在藏族服饰的剪裁过程中，测量方法与技巧的运用至关重要。藏族服饰以其独特的款式和精美的工艺闻名于世，而精准的测量则是实现这一效果的基础。在测量时，裁缝们会采用传统的量体方法，使用软尺等工具对穿着者的身体尺寸进行细致入微的测量。这些测量数据不仅包括身高、体重等基本信息，还包括胸围、腰围、臀围等关键部位的尺寸。通过精确测量，裁缝们能够确保服饰的合身性和舒适性。

除了基本的测量数据外，裁缝们还会根据穿着者的体型特点和喜好，进行个性化的调整。例如，对于体型较胖的人，裁缝们会在测量时适当增加胸围和腰围的尺寸，以确保服饰的宽松度；而对于体型较瘦的人，则会适当缩小尺寸，以突出身材的线条美。这种个性化的调整不仅体现了裁缝们的专业技艺，也展现了藏族服饰制作工艺的精湛和灵活。

在剪裁过程中，裁缝们还会运用一些技巧来提高测量的准确性。例如，在测量胸围时，裁缝们会要求穿着者保持自然呼吸状态，避免因为吸气或呼气而影响测量结果的准确性。同时，裁缝们还会根据穿着者的姿势和动作进行调整，确保测量数据的真实性和可靠性。这些技巧的运用不仅提高了测量的准确性，也保证了藏族服饰剪裁的精细度和品质。

值得一提的是，藏族服饰的剪裁过程中还蕴含着丰富的文化内涵和审美理念。裁缝们不仅注重服饰的实用性和舒适性，还追求服饰的美观性和文化价值。在测量和剪裁的过程中，他们会充分考虑穿着者的身份、地位和场合等因素，以打造出既符合藏族传统审美又符合现代审美需求的服饰作品。这种将传统文化与现代审美相结合的理念，使得藏族服饰制作工艺得以不断传承和发展。

## 缝制工艺的基础步骤与操作规范

　　藏族服饰的缝制工艺，作为传统制作工艺的璀璨瑰宝，其基础步骤与操作规范都蕴含着深厚的文化底蕴和技艺精髓。在缝制过程中，首先需要对布料进行预处理，包括清洗、熨烫和裁剪，确保布料的平整度和清洁度。接着，根据设计图案和尺寸要求，进行精确的剪裁，确保每个部件的形状和尺寸都符合标准。在缝制过程中，藏族妇女们会采用独特的针法和线迹，如藏式锁边、藏式打结等，这些技艺不仅使服饰更加美观，还增强了服饰的耐用性。

　　操作规范方面，藏族服饰缝制工艺注重细节处理。例如，在缝制过程中，藏族妇女们会严格控制针脚的密度和均匀度，确保线迹的平整和美观。同时，她们还会根据服饰的不同部位和用途，选择合适的针法和线迹，以达到最佳的缝制效果。此外，藏族服饰缝制工艺还注重色彩搭配和图案设计，通过巧妙的搭配和设计，使服饰更加丰富多彩，充满民族特色。

　　值得一提的是，藏族服饰缝制工艺的传承与发展离不开现代技术的支持。如今，一些先进的缝制设备和工具被引入到藏族服饰制作中，提高了制作效率和精度。同时，一些年轻的藏族妇女也开始学习和掌握现代缝制技术，将传统工艺与现代技术相结合，为藏族服饰制作注入了新的活力。

　　总的来说，藏族服饰缝制工艺的基础步骤与操作规范是藏族服饰制作的核心内容之一。通过严格的步骤和规范，藏族妇女们能够制作出精美绝伦、独具特色的藏族服饰，展现了藏族文化的魅力和智慧。同时，随着现代技术的不断发展和应用，藏族服饰缝制工艺也将不断得到完善和创新，为藏族服饰的传承与发展注入新的动力。

# 藏族服饰的缝制线迹选择与工艺细节

在藏族服饰的缝制过程中，线迹的选择与工艺细节的处理至关重要。藏族服饰的线迹不仅关乎服饰的牢固度，更体现了服饰的艺术美感。传统的藏族服饰缝制线迹多样，常见的有平缝、锁边、包边等，每种线迹都有其独特的应用场景和工艺要求。

以平缝为例，这种线迹常用于服饰的内外层缝合，其特点是线迹平整、结实，能够确保服饰的耐用性。在缝制过程中，藏族工匠们会根据服饰的材质和厚度，选择合适的针脚大小和线迹密度，以达到最佳的缝制效果。此外，锁边和包边等线迹则常用于服饰的边缘处理，能够增强服饰的耐磨性和美观度。

除了线迹的选择，工艺细节的处理同样重要。藏族服饰的缝制过程中，工匠们会注重每一处细节的打磨，从线头的处理到针脚的均匀度，都力求做到精益求精。这种对工艺细节的极致追求，使得藏族服饰不仅具有实用价值，更成了一种独特的艺术表现形式。

值得一提的是，现代技术与藏族服饰制作的融合也为线迹选择与工艺细节的处理带来了新的可能性。例如，一些先进的缝纫设备能够更精确地控制线迹的密度和均匀度，提高了缝制效率和质量。同时，一些新的缝制技术和材料的应用也为藏族服饰的制作带来了更多的创新空间。

综上所述，藏族服饰的缝制线迹选择与工艺细节处理是制作过程中的关键环节。通过传统工艺与现代技术的结合，藏族服饰得以展现出更加精湛的制作技艺和独特的艺术魅力。

第六章 藏族服饰的剪裁与缝制

# 缝制中的色彩搭配与图案设计原则

在藏族服饰的缝制过程中，色彩搭配与图案设计原则占据着举足轻重的地位。藏族服饰以其独特的色彩运用和图案设计，展现了浓厚的民族特色和文化底蕴。在色彩搭配上，藏族服饰通常采用鲜艳、对比强烈的色彩，如红、黄、蓝、绿等，这些色彩不仅符合藏族人民热情奔放的性格，也体现了他们对生活的热爱和向往。同时，藏族服饰还善于运用色彩的渐变和过渡，使得整体色彩搭配既和谐统一又富有层次感。

在图案设计上，藏族服饰同样展现出了高超的艺术水平。常见的图案包括云纹、莲花、吉祥八宝等，这些图案不仅具有深厚的文化内涵，还富有装饰性和象征意义。例如，云纹象征着吉祥如意，莲花则代表着纯洁和高雅。在缝制过程中，藏族工匠们会根据服饰的种类和穿着者的身份地位，选择合适的图案进行设计和缝制，使得每一件藏族服饰都独具特色。

此外，藏族服饰的色彩搭配与图案设计还体现了人与自然和谐共生的理念。在色彩选择上，藏族人民善于从大自然中汲取灵感，将大自然的色彩融入服饰中。在图案设计上，他们则通过描绘自然景物和动物形象，表达了对大自然的敬畏和感激之情。这种人与自然和谐共生的理念，不仅体现在藏族服饰的色彩搭配与图案设计上，也贯穿于藏族文化的方方面面。

综上所述，藏族服饰的色彩搭配与图案设计原则是其制作工艺中的重要组成部分。通过运用鲜艳的色彩和富有文化内涵的图案，藏族服饰不仅展现了独特的民族特色，也传递了人与自然和谐共生的理念。这些原则的运用，使得藏族服饰成了传统制作工艺中的璀璨瑰宝。

# 剪裁技巧与尺寸把握

藏族服饰的剪裁技巧与尺寸把握是制作过程中的关键环节，它们不仅关系到服饰的合身度，更影响着服饰的整体美观。在剪裁过程中，藏族匠人凭借丰富的经验和精湛的手艺，能够准确测量出穿着者的身体尺寸，并根据服饰的款式和穿着者的体型特点进行微调。这种技巧并非一蹴而就，而是需要长时间的实践和学习才能掌握。

以藏族长袍为例，其剪裁过程中需要特别注意肩宽、胸围、腰围、臀围以及衣长等关键尺寸。匠人会使用软尺等工具进行精确测量，并根据穿着者的体型特点进行剪裁。在尺寸把握上，匠人会根据穿着者的身高、体重以及体型比例等因素进行综合考量，以确保服饰的合身度和舒适度。同时，匠人还会根据服饰的款式和穿着者的个人喜好进行微调，以达到最佳的穿着效果。

除了基本的剪裁技巧外，藏族服饰制作中还有一些独特的剪裁手法。例如，在剪裁藏族女性的长袍时，匠人会特别注意腰部的剪裁，以突出女性的曲线美。同时，在剪裁男性服饰时，匠人则会更加注重肩部和胸部的剪裁，以展现男性的阳刚之气。这些独特的剪裁手法不仅体现了藏族服饰的独特魅力，也展现了藏族匠人的高超技艺。

值得一提的是，随着现代科技的发展，一些先进的测量技术和剪裁设备也逐渐被引入到藏族服饰制作中。这些技术的应用不仅提高了剪裁的精度和效率，也为藏族服饰制作带来了新的发展机遇。然而，尽管现代技术带来了诸多便利，但藏族服饰制作中的传统剪裁技巧和尺寸把握仍然是不可或缺的核心要素。

综上所述，藏族服饰的剪裁技巧与尺寸把握是制作过程中的重要环

节，它们不仅体现了藏族服饰的独特魅力，也展现了藏族匠人的高超技艺。在现代科技的推动下，藏族服饰制作正迎来新的发展机遇，但传统剪裁技巧和尺寸把握的精髓仍然需要得到传承和发扬。

## 缝制工艺与细节处理

在藏族服饰的缝制工艺中，细节处理尤为关键。藏族服饰以其精美的线迹和独特的图案设计而著称，这些都需要缝制师傅们精湛的技艺和细致入微的观察力。在缝制过程中，线迹的选择至关重要，不同的线迹能够呈现出不同的视觉效果，如平缝、锁边等，每一种线迹都有其独特的魅力和适用场景。同时，藏族服饰的图案设计也是缝制工艺中的一大亮点，这些图案往往蕴含着深厚的文化内涵和民族特色，通过巧妙的缝制技巧，将图案与服饰完美融合，展现出藏族服饰的独特魅力。

以一件藏族传统长袍为例，其缝制过程需要经历多道工序，每一道工序都需要严格把控细节。在缝制过程中，缝制师傅们会根据长袍的款式和尺寸，选择合适的线迹和针脚密度，确保长袍的线条流畅、美观。同时，他们还会根据长袍的图案设计，精心挑选色彩和材质，通过巧妙的搭配和缝制技巧，将图案与长袍完美融合，使整件长袍呈现出独特的艺术效果。

此外，藏族服饰的缝制工艺还注重实用性和舒适性。在缝制过程中，缝制师傅们会充分考虑服饰的穿着效果和舒适度，通过合理的剪裁和缝制技巧，使服饰既美观又实用。例如，在缝制袖口和领口时，他们会采用弹性材料，增加服饰的舒适度和贴合度；在缝制衣身时，他们会根据人体的曲线和动作习惯，合理调整剪裁和缝制方式，使服饰更加贴合人体，便于活动。

总的来说，藏族服饰的缝制工艺与细节处理是一门深奥的艺术。它要求缝制师傅们具备精湛的技艺、敏锐的观察力和深厚的文化内涵。通过巧妙的缝制技巧和细节处理，藏族服饰得以展现出其独特的魅力和价值，成为藏族文化的重要组成部分。

# 第七章
DI QI ZHANG

## 藏戏服饰

公元8世纪，为了弘扬佛法，赞普松赞干布命人创作了一种集歌唱、舞蹈、戏剧于一体的表演艺术，这就是藏戏的雏形。在藏戏的发展过程中，形成了独特的藏戏服饰艺术，它融合了藏族文化、宗教艺术等，展现出了独特的魅力。

# 藏戏服饰

藏戏，在西藏自治区称为"阿吉拉姆"，在青海省称为"南木特"，流行于西藏自治区，四川、青海、云南、甘肃、新疆维吾尔自治区等省、自治区以及印度、不丹等国家的藏族人居住区；国家级非物质文化遗产，人类非物质文化遗产代表作。藏戏起源主要来自三个方面：一是民间歌舞，二是民间说唱艺术，三是宗教仪式和宗教艺术。藏戏是集神话、传说、民歌、舞蹈、说唱、杂技等多种民间文学艺术与宗教仪式乐舞为一体的戏种。每逢雪顿节、望果节、达玛节、藏历新年和特定的宗教节日，都要举行大型藏戏会演。常演剧目有"八大传统藏戏"之称，演出一般分为"顿"（开场祭神歌舞）、"雄"（正戏传奇）和"扎西"（祝福迎祥）三个部分。其表演手段高度程式化，有唱、舞、韵、白、表、技"六技"。

## 一、藏戏服饰的起源与发展

藏戏服饰的历史渊源深远，起源于公元 8 世纪的西藏，当时为了弘扬佛法，松赞干布命人创作了一种集歌唱、舞蹈、戏剧于一体的表演艺术，这就是藏戏的雏形。随着时间的推移，藏戏服饰逐渐发展，融合了藏族文化、宗教艺术以及各地民族风格，形成了独特的艺术形式。例如，红色在早期的藏戏服饰中就已被用来象征僧侣的神圣地位，这一传统一直沿袭至今，同时，随着与中原、尼泊尔、印度等地区的文化交流，更多的色彩和图案元素被引入，使得藏戏服饰在保持传统特色的同时，也展现出多元与现代的交融之美。

藏戏服饰，作为藏族文化的重要组成部分，其历史渊源深远，传统与现代的交融尤为显著。在 21 世纪的今天，古老的藏戏服饰在保留其独特象征意义的同时，也吸收了现代艺术的元素，焕发出新的生机。例如，传统上红色代表力量与神圣，但在现代藏戏中，红色可能通过混纺技术呈现出更为丰富的层次感，同时加入现代灯饰，使得舞台上的角色更具视觉冲击力，既保留了传统色彩的象征，又增添了现代科技的创新。

在图案艺术上，藏戏服饰融合了传统神话与现代设计。如龙凤、莲花等传统图案，通过新型刺绣技术，立体感更强，更显生动。

在制作工艺上，藏戏服饰的创新同样引人注目。传统的手工刺绣工艺在保持其精细与独特性的同时，结合现代材料，如防水、透气的高科技面料，使得服饰在保持美观的同时，更适应现代舞台的表演需求。此外，饰品的制作也引入了环保材料，既体现了对传统文化的尊重，也展现了对可持续发展的现代理念。

在角色区分上，现代藏戏服饰设计更加注重个性化的表达。主角的服饰可能融入更多现代设计元素，以突出其独特地位，而配角和反派的服饰则可能保留更多传统元素，以强化角色的辨识度。这种设计方式既尊重了传统，又赋予了角色更鲜明的现代特征，使得观众在欣赏中能更好地理解和感受角色的性格与故事的内涵。

# 藏戏服饰的色彩语言

## 一、白色：纯洁与和平的表达

在藏戏服饰的色彩语言中，白色占据着重要的地位，它象征着纯洁无瑕与和平宁静。白色服饰往往被赋予纯洁的寓意，代表着角色的纯真、善良或者神圣不可侵犯的特质。例如，藏戏中的菩萨或者高僧角色，他们的服饰常以白色为主调，以此来凸显其内心的纯净和高尚。这种色彩的运用，使得观众在视觉上就能感受到角色的内在品质，进一步增强了角色的神圣感和亲近感。

在实际的表演中，白色服饰的流动与光影变化，往往能创造出一种宁静祥和的氛围，使观众沉浸在和平的意境中。比如，当演员身着白色长袍缓缓起舞时，那种纯净的美感和宁静的力量，如同雪域高原的圣洁，给人以心灵的洗涤。这种色彩的表达，不仅丰富了舞台视觉，也深化了藏戏的叙事层次，使得故事的传达更为生动和立体。

此外，白色在藏式服饰中的运用，也体现了藏族人民对和谐世界的向往。在一些仪式性的表演中，演员们身着白色服饰，通过舞蹈和歌唱，祈求天地间的和平与安宁。这种色彩的象征意义，与藏族文化中的和谐哲学相呼应，彰显了藏戏深厚的文化内涵和人文关怀。

## 二、黑色：神秘与敬畏的体现

在藏戏服饰的色彩语言中，黑色扮演着至关重要的角色，它象征着神秘与敬畏。在藏族文化中，黑色往往与宇宙的无尽深邃和不可知的

力量相联系，体现了人们对未知世界的敬畏之情。例如，藏戏中的护法神角色，常穿着黑色的长袍，以彰显其神秘而强大的守护者形象，使观众在观看时产生深深的敬畏感。这种色彩的运用，不仅丰富了角色的视觉层次，也深化了剧情的内涵，使观众在欣赏艺术的同时，对藏族的宗教信仰和文化传统有所感悟。

在实际的服饰设计中，黑色的面料上往往还会精心绣上金色的图案，如法轮、宝伞等吉祥物，金色与黑色的对比，进一步突显出图案的神圣感，仿佛在黑暗中闪烁的光芒，引导人们向善向美。这种色彩搭配，无疑提升了藏戏服饰的艺术魅力，使得每一件黑色的服饰都成了一个讲述神秘故事的载体，让观众在观看藏戏的过程中，既能感受到视觉的冲击，也能体验到深层的文化共鸣。

## 三、其他颜色的象征意义

在藏戏服饰的色彩语言中，除了主要的白色和黑色，其他颜色同样承载着丰富的象征意义。黄色在藏戏服饰中代表着土地和皇权，象征着丰饶与尊贵，如古代藏戏中，国王或土地神的服饰常以黄色为主调。蓝色则象征着天空的广阔无垠，代表着纯洁和自由，有时用于表现不拘一格的角色。绿色象征生机与和平，常用于描绘善良或与自然紧密相连的角色。这些颜色的运用，使得藏戏服饰在视觉上更加丰富多彩，同时也增强了角色的内在性格表达，使得观众能够通过色彩快速理解角色的定位和故事的走向。

# 藏戏服饰的制作工艺

## 一、原材料的选择与处理

在藏戏服饰的制作工艺中，原材料的选择与处理是至关重要的一步。藏戏服饰通常选用高质量的羊毛、丝绸和棉布，这些材料不仅质地坚韧，且色彩鲜艳，能够经受住长时间的舞台表演。例如，西藏地区的藏式服饰，其红色部分往往选用当地的纯羊毛，经过特殊的染色工艺，使其在阳光下显得格外醒目，象征着力量与神圣。同时，为了保持色彩的持久，制作过程中会采用天然植物染料，如藏红花、蓝草等，这些染料与布料的结合更加紧密，不易褪色。

在处理原材料时，工匠们会遵循古老的传统，先将布料洗涤干净，然后晾晒至适当的湿度，以确保染料能够充分吸收。在染色过程中，有的甚至会采用手工揉搓的方式，使布料的每一寸都能均匀吸收染料。此外，对于一些需要刺绣的部位，会选择质地更细腻的丝绸，以确保绣出的图案精细且富有立体感。这种对原材料的精心挑选和处理，充分体现了藏戏服饰制作的匠心独运，也是其艺术价值的重要体现。

## 二、手工刺绣的精细工艺

在藏戏服饰的制作工艺中，手工刺绣的精细工艺无疑是最能展现其艺术魅力的环节。每一针一线都蕴含着匠人的情感与敬意，将故事与象征意义融入服饰的每一个细节。例如，为了制作一件主角的服饰，可能需要数月的时间，匠人们会精心挑选上等的丝绸或棉布，确保色

彩的鲜艳度和耐用性。在刺绣过程中，他们遵循古老的图样，有的甚至以金线银线勾勒出神圣的图案，使得服饰在舞台上显得格外耀眼。在藏戏服饰中，手工刺绣的精细工艺还体现在对图案的细腻处理上。如动物图案中的龙凤，每一个鳞片、每一片羽毛都经过精心绣制，栩栩如生，仿佛承载着神话的力量。植物图案如莲花，其花瓣的层次和质感都通过刺绣得以生动呈现，象征着纯洁与生命力。几何图案的边缘，匠人们会用细密的针脚勾勒出清晰的线条，体现出宇宙的秩序与和谐。这些图案的精细刺绣，不仅增强了服饰的视觉冲击力，也为观众提供了丰富的解读空间，使藏戏的舞台表现力倍增。

此外，手工刺绣的工艺在角色区分中也起着关键作用。主角的服饰往往采用更为繁复的刺绣工艺，如使用多种颜色的丝线交织出复杂的图案，以彰显其独特地位和角色性格。而配角和反派的服饰则可能采用相对简洁的刺绣设计，通过色彩的深浅变化和图案的疏密来区分角色的层次，使得整个舞台的视觉效果和谐统一，富有层次感。这种通过刺绣工艺强化角色差异的手法，充分体现了藏戏服饰的高超艺术价值和深厚的文化内涵。

## 三、饰品的制作与搭配

在藏戏服饰的制作工艺中，饰品的制作与搭配是不可或缺的一环。这些饰品往往由纯金、银、珊瑚、绿松石等珍贵材料精心打造，既体现了藏族人民的高超工艺，也是角色身份和性格的重要标志。例如，主角的头饰常常镶嵌大量宝石，繁复的工艺彰显其尊贵地位，而配角或反派角色的饰品则可能更为简洁，以示区别。饰品的形状和图案也大有讲究，如龙凤图案常用于象征皇族或神圣的力量，而莲花则寓意纯洁和高雅。这种精巧的搭配，使得藏戏服饰在视觉上更加丰富多彩，为观众提供了丰富的解读空间，也使得角色形象更加立体生动。

在传统与现代的交融中，藏戏服饰的饰品制作也在不断创新。现代设计师可能引入新的材料如合金或合成宝石，既降低了成本，又保持了饰品的光彩。同时，现代设计元素的融入，如流线型的设计或抽象的图案，使得饰品在保留传统韵味的同时，更具有时代感。这种创新不仅丰富了藏戏服饰的视觉语言，也为传统工艺的传承带来了新的活力和可能性。

然而，饰品的制作与搭配也面临着挑战。随着工业化进程的加快，手工制作的饰品面临被机器批量生产的产品替代的风险。因此，保护和传承这些独特的制作技艺显得尤为重要。通过设立专门的工作坊，培养年轻的手工艺人，以及在教育和展览中强调其文化价值，我们可以确保这些饰品制作技艺得以延续，让藏戏服饰的光彩继续照亮舞台，讲述着藏族文化的深厚底蕴。

# 藏戏服饰的角色区分

## 一、国王服

在藏戏中，国王服不仅是一种服饰，更是一种角色的象征和剧情的载体。国王，作为藏戏中的重要角色，其服饰设计往往承载着深厚的文化内涵和历史故事。国王服的色彩、图案和形制，无一不在向观众传达着角色的权威、性格甚至剧情的转折点。例如，金黄色的服饰通常代表国王的尊贵地位，而服饰上的龙纹图案则象征着皇权的神圣不可侵犯。在实际演出中，演员穿上国王服，瞬间就能强化角色的威严形象，使观众一眼就能识别出故事中的核心人物。

国王服的穿戴仪式也充满了象征意义。在穿戴前，演员会进行一系列的准备活动，如诵经、净手等，以示对角色的尊重和对仪式的敬畏。穿戴过程中的每一个动作都经过精心设计，旨在营造出一种神圣而庄重的氛围，使演员在穿戴后能够更好地进入角色，同时也增强了观众的观剧体验。这种仪式感的营造，使得国王服不仅仅是一件道具，更成为连接演员、角色与观众的桥梁。

在表演过程中，国王服的视觉冲击力和寓言性图案往往能成为剧情的关键提示。例如，服饰上突然出现的暗色元素可能预示着国王角色面临的困境或内心的挣扎，引导观众深入理解剧情。观众通过对国王服的解读，能够更深入地领悟到藏戏的丰富内涵，从而产生更强烈的共鸣，这也是藏戏艺术魅力的独特展现。

## 二、王子服

在藏戏中，王子服的特殊意义不容忽视。它不仅是角色身份的象征，更是藏戏艺术中一种独特的叙事方式。王子服的色彩、图案和形制，都富含深厚的象征意义，如红色常代表权力和尊贵，体现了王子的皇家身份。例如，在《文成公主》这一经典剧目中，王子的服饰就巧妙地传达了其高贵而威严的形象，使观众在视觉上就能感受到角色的内在特质。

王子服的制作工艺也体现了藏族人民的智慧和匠心独运。选用的布料多为高原特有的羊毛或丝绸，经过多道手工工序，如染色、绣花、缝制等，每一步都承载着匠人的祝福和祈祷。这种手工艺术的传承，不仅是对传统的尊重，也是对藏族文化的一种活态保护。

在穿戴仪式上，王子服的穿戴过程如同一种神圣的仪式，演员在穿戴时需遵循特定的步骤和禁忌，以确保角色与服饰的完美融合。这种仪式感强化了角色的舞台存在，帮助演员更好地进入角色，同时也增强了观众的观剧体验，使他们更加沉浸在藏戏的故事世界中。

王子服在舞台上的表现力更是无与伦比。其鲜艳的色彩和精致的图案在灯光下显得格外醒目，为藏戏的视觉效果增添了强烈的冲击力。同时，服饰的设计也与角色的动作、表情相辅相成，如流苏随舞蹈动作摆动，更显角色的灵动与魅力。

## 三、甲鲁服

甲鲁服，藏语称"甲鲁切"，是一种特制戏装，起源于古代王子服。自一般部落长老和土酋之王子，到后来的俗官，包括最高的二品俗官，都可以穿用此服装。

整套服装象征西藏古代部落土王习俗中的"轮王七政宝"。例如，金黄滚龙缎上衣和黑围裙代表国王宝；挂于腰间的彩花荷包"郭尔贴休"代表御马宝；腰刀"甲鲁直"代表将军宝；头上戴的白毡帽"阿昆"代表大象宝；所戴圆形耳环代表法轮宝；斜挂于胸前的五彩缎带"散"代表王后宝；耳环上装饰的喷焰末尼"诺布末尼"代表财金宝。

　　在蓝面具戏后来的演出中，阿昆白毡帽除了最古老的迎巴派戏班使用外，其他戏班都改戴宽大的"薄独"帽。斜挂的五彩缎带也有所减少，金黄滚龙缎上衣改成普通的坎肩，外穿一件特制的彩虹条色花氆氇褂子，称为"甲鲁喀昆"，这是一种腰间不拴带子的敞褂。

　　据说，"甲鲁切"是由16世纪的帕主·降秋坚赞设计的。这套戏装不仅具有深厚的文化内涵和历史背景，同时也体现了藏族传统服饰的独特魅力和艺术价值。

## 藏戏面具：传统艺术的神秘面纱

藏戏面具，这一独特的艺术形式，蕴含着深厚的文化内涵。在藏戏中，色彩与图案不仅是装饰，更是传达角色性格、命运以及戏剧主题的重要手段。例如，红色面具常被用来象征勇气和力量，代表了正义的角色，如护法神；而蓝色面具则象征智慧和深不可测，往往用于描绘神灵或高僧大德。图案的运用同样考究，如面具上绘制的龙、凤、宝伞等吉祥物，它们分别代表了皇权、尊贵和庇护，以此来增强角色的神秘感和神圣性。这种通过色彩和图案的象征手法，使得藏戏面具在视觉上就赋予了角色丰富的性格层次。

善神与恶灵的象征：在藏戏面具的丰富世界中，善神与恶灵的象征扮演着至关重要的角色。这些面具不仅仅是色彩斑斓的装饰，也是藏族人民古老信仰和宇宙观的具象化表现。例如，善神通常以柔和的线条、明亮的色彩如金、白、蓝来刻画，象征着智慧、慈悲和纯净。面具上可能绘有日月、祥云等图案，寓意着吉祥与和平。相反，恶灵的面具则采用暗色调，如深红、黑，以锐利的特征和狰狞的表情来体现其凶猛和神秘。这种视觉上的对比，如藏戏中的"赞神"与"魔怪"，生动地传达了善恶之间的对立与平衡，体现了藏戏面具深厚的文化内涵和哲学思考。

世俗人物的描绘：在藏戏面具的丰富世界中，世俗人物的描绘占有重要地位。这些面具不仅体现了藏族人民对日常生活的理解和艺术再现，更是他们道德观念和人生哲学的具象化表达。例如，农夫和商人的面具，通过细腻的线条和色彩，展现出普通人在社会生活中的喜怒哀乐，反映出藏族社会的世俗百态。面具的设计师们会巧妙地利用面部表情和服饰细节，如商人的精明眼神和富商的华贵服饰，来刻画人物的性格特点和身份地位。这种艺术手法使得观众能在神秘的藏戏表演中找到共鸣，感受到生活的酸甜苦辣，正如著名艺术家吴冠中所说："艺术源于生活，高于生活。"

特殊角色的面具：在藏戏面具的丰富世界中，特殊角色的面具扮演着至关重要的角色。这些面具不仅代表了传统故事中的非典型或独特人物，而且往往承载着更深的文化和哲学含义。例如，"鲁神"面具，以其独特的金色和威严的特征，象征着智慧和力量，常用于表现超凡的保护神角色。另一方面，"玛哈嘎拉"面具以其狰狞的面容和鲜艳的色彩，象征着消除邪恶的力量，用于扮演降妖伏魔的勇士。这些特殊角色的面具通过其独特的设计，使观众能够迅速识别和理解角色的特质和故事的走向，体现出藏戏面具艺术的深厚内涵和表现力。

藏戏面具：黄面具、黑面具、蓝面具

## 第八章
DI BA ZHANG

新时期藏族服饰文化的新趋势：传统与现代的交融

在全媒体的大时代背景下，藏族服饰文化面临着巨大挑战。如何在适应时代需求与保持特色之间寻求平衡，如何保持传统与现代的和谐共生，始终是一个重要议题。

　　藏族服饰在进行现代化转型的过程中，要注重传统元素的现代诠释、利用新技术提升服饰工艺、注重服饰品牌的培育与推广，以及服饰设计的创新这四个方面。同时也需要政府的大力保护与支持，例如，设立专项保护基金、举办服饰文化节庆活动、建立服饰文化教育基地、制定非物质文化遗产名录制度等。让藏族服饰文化适应现代社会，并在未来继续焕发新的活力。

第八章　新时期藏族服饰文化的新趋势：传统与现代的交融

# 新时期藏族服饰面临的挑战

## 一、全媒体时代下的文化同化

在全媒体的大背景下，文化同化和商品同质化现象日益显著，藏族服饰文化也面临着前所未有的挑战。随着网络信息流通速度的加剧，文化的交融使得一些独特的传统服饰风格逐渐被边缘化。目前，多种传统服饰样式因文化同化和时光流逝而不断消失。藏族服饰，以其独特的图案、色彩和工艺，曾是藏族文化的重要载体，但现在也面临着被单一化全球流行趋势所侵蚀的风险。

以藏族的节日盛装为例，过去，人们在重要节日或仪式上会身着华丽的藏装，展示其独有的特色。然而，随着全球时尚潮流的渗透，许多年轻的藏族人更倾向于穿着休闲服装，导致传统节日服饰的使用频率大幅下降。这种变化不仅影响了藏族服饰的传承，也一定程度上削弱了青年一代的民族文化认同感。

面对文化同化的压力，藏族服饰文化的保护和传承显得尤为紧迫。正如著名人类学家玛格丽特·米德所说："文化不是化石，它必须活在当下，否则就会消亡。"因此，我们需要在尊重和保护传统的同时，寻找创新的方式，让藏族服饰在现代社会中焕发新的生命力。例如，通过现代设计手法将传统元素与藏族文化的新发展以及时尚潮流相结合，或者利用新技术提升服饰的制作工艺和传播效率，使藏族服饰在保持其独特性的同时，也能适应新时期人们的审美趋势。

## 二、新时代生产生活方式对传统服饰的影响

随着新的生产生活方式的发展，藏族服饰文化正面临着前所未有的挑战。在快节奏的现代生活中，人们的生活方式、审美观念以及消费习惯发生了显著变化。

例如，根据一项调查，藏族年轻人多数在日常生活中更倾向于穿着现代服装类型，而非传统的藏装（数据来源：《藏族青年生活方式变迁研究》）。这种转变在一定程度上导致了传统服饰的日常穿着率下降，其在日常生活中的角色逐渐被休闲和节日场合所取代。

此外，社交媒体和流行文化的影响力日益增强，许多年轻的藏族设计师开始尝试将传统元素与现代设计元素相融合，如将经典的藏式纹样融入现代剪裁元素中，并使用多样化的面料来呈现，创造出既保留传统韵味又符合现代审美的服饰。这种创新不仅满足了藏族年轻人追求个性化表达的需求，也为传统服饰文化注入了新的活力。

然而，新生活方式对传统服饰的影响，我们不予评价。在设计初衷上的过度商业化可能导致传统服饰失去其原有的文化内涵和民族精神，变成一种商品符号。因此，如何在保持传统特色或者是传统元素的同时，使其适应现代生活，成了一个亟待解决的问题。这提醒我们在推动藏族服饰文化创新的同时，不应忽视其深厚的文化底蕴，否则，就会出现"似驴非驴，似马非马"的现象。

面对这一挑战，民族文化的工作者正在积极探索新的传承方式，如通过教育项目、文化活动和社交媒体平台，让更多人了解和欣赏传统服饰的独特之美。同时，政府也在制定相关政策，鼓励和支持传统服饰产业的创新与发展，以期在新生活方式的影响下找到传统与现代的平衡点，让藏族服饰文化在变革中持续繁荣。

## 三、服饰文化创新过程中对原生文化传统的严重偏离

在藏族服饰文化的创新过程中，对原汁原味传统的偏离是一个值得深思的现象。随着快餐文化的发展和深度影响，传统藏族服饰设计开始出现劣势，为追求更广泛的市场接受度，一些服饰设计和生产企业有意淡化其服饰的地域性和文化特征。例如，过度简化或改造传统纹饰，甚至引入一些非民族文化元素的内容，导致其原有的精神内涵流失或者出现混乱。以藏族的"哈达"为例，原本是表达敬意和祝福的重要载体，颜色、材质和编织方式都有其特定的含义。然而，现代设计中，哈达的样式和颜色变得五花八门，甚至出现了与藏族文化无关的纹样，这无疑是对原生文化传统的一种偏离。

在藏族服饰文化的创新过程中，我们应当尊重并深入理解传统，避免盲目追求新颖而偏离了其核心价值。只有这样，才能确保藏族服饰在现代世界中保持其独特的魅力，创新是在传统的基础上随着文化的突破性发展而做的，并非把不同文化混合在一起，所以藏族服饰文化在创新中同时又能与时俱进，才能吸引更广泛的欣赏者和传承者。

## 四、适应现代需求与保持特色的平衡

在藏族服饰现代化转型过程中，适应时代需求与保持特色之间的平衡极为重要。藏族服饰以其独特的纹样、色彩和制作工艺彰显独特性，如何在满足现代消费者审美和功能需求的同时，保持其原有的文化内涵和地域特色，是一个长期存在且急切需要解决的问题。如何挖掘传统文化内驱力与如何实现服饰文化的现代化转型并不是矛盾的命题，而是要在实践中实现创造性转化，需要专题研究和广泛的市场调研，才能创造出既符合现代审美又不失传统韵味的服饰。同时，通过采用

环保材料和可持续生产方式，既满足了现代消费者对绿色生活的需求，又体现了藏族文化尊重自然的价值观。

一种文化的传承必须是人的传承，在服饰文化传承的过程中，需要将传统技艺和制作理念一代代传承下来，这就凸显了教育的重要性，教育分为传统手工作坊式的师傅带徒弟的模式和现代化学校教育模式，这两种教育模式运用到服饰文化的发展上都是有益的，能起到互相补充的作用。当前，社会上的职业技能培训学校已经在做一些民族手艺的基础培训项目，在民间也有一些家族式的或者民营式的服饰制作企业自己培养接班人。但显然这是不够的，在中等职业学校以及高等学校开设藏族服饰文化课程设计与鉴赏类的课程，或者在社会上开办服饰文化的非物质文化遗产工作坊，让更多人了解并欣赏藏族服饰的独特魅力并培养大批具有传统文化传承意识和热爱服饰文化的人才，才是传承得以可持续发展的重要一点。

在政策层面，政府可以出台相关政策，鼓励和支持那些既保持传统特色又能创新发展的藏族服饰企业。例如，提供税收优惠、资金支持，或者在各种文化和旅游交流活动中推广藏族服饰文化，使其在更大的舞台上展现出独特的民族文化魅力。这样，藏族服饰文化就能在适应现代需求的同时，保持其独特的文化身份，实现可持续发展。

## 五、服饰制作技艺的流失与传承难题

在藏族服饰文化的深厚底蕴中，服饰制作技艺是其核心价值之一。然而，随着社会的快速发展，这些独特的技艺正面临着流失的困境。据不完全统计，近几十年来，一些传统的藏族服饰制作工艺，如手工编织、刺绣和银饰锻造，其掌握者数量锐减，有的甚至面临失传的危险。这不仅是因为新生活方式的冲击，使得人们更倾向于选择方便快捷的现代服饰，还因为年轻一代对传统技艺的了解和学习兴趣逐渐减弱。

以拉萨为例，羊毛编织技艺，现在只有少数老年人还在坚守。这种技艺的流失，不仅意味着一种独特艺术形式的消失，也影响了藏族社会的经济结构和文化认同。同时，现代教育体系往往更注重科技和现代职业的培养，传统工艺的传承教育显得力不从心。解决这一难题需要多方面的努力。政府应制定相关政策，鼓励和支持传统技艺的保护和传承，比如设立专项基金，资助技艺传承人进行教学和研究。同时，教育部门可以将传统工艺纳入学校教育，通过设立特色课程，激发年轻一代的兴趣。此外，利用现代科技手段，如数字化技术，记录和传播这些技艺，使其在创新中得到传承和发展，从而扩大其影响力和生命力。

## 六、传承与创新的矛盾

在藏族服饰文化的现代转型过程中，传承与创新的矛盾显得尤为突出。一方面，藏族服饰承载着深厚的历史文化底蕴，其独特的图案、色彩和工艺都是祖先智慧的结晶，如藏袍的"左长右短"设计，寓意着吉祥如意。然而，随着全球化进程的加速，外来文化的冲击和现代生活方式的改变，使得一些传统服饰元素逐渐被边缘化，甚至面临流失的危险。解决这一矛盾的关键在于找到一个平衡点，既保留藏族服饰的核心象征意义，又能赋予其现代生命力。因此，建立一个以传统为基础，以创新为驱动的可持续发展机制，是推动藏族服饰文化繁荣的关键所在。

# 藏族服饰文化的现代转型

## 一、传统元素的现代诠释

在藏族服饰文化的现代转型中，首先要解决传统元素的现代诠释这一问题。传统元素根植于传统文化，具有顽强的生命力，也可以说这些元素是服饰文化的灵魂，服装设计者和制造者必须首先将古老的图腾、色彩搭配和工艺技法继承下来，并且在与现代审美相结合的过程中，进行现代化的诠释和解读，赋予藏族服饰新的生命力。例如，借鉴藏族传统服饰中的"吉祥八宝"图案，既有着宗教文化的因素，也有着构图的艺术美，所以一直备受青睐，通过现代诠释和设计手法，将其融入服装的细节中，就要在一定程度上淡化宗教影响，提升艺术审美价值，既保留了文化内涵，又增添了时尚感。此外，藏族服饰中独特的色彩搭配，如红、黄、蓝三色的运用，现在被重新解构，以更符合现代审美的方式呈现，如在都市休闲装中巧妙融合，彰显个性的同时，也传播了藏族的色彩哲学。

在材质上，服饰文化的现代诠释也体现在对传统材料的创新使用上。传统的羊毛、羊绒甚至植物纤维等天然材质，通过现代科技处理，提升其柔软度和保暖性，同时结合新型环保材料，打造出既具有藏族特色又符合现代生活需求的服饰。例如，某品牌就成功地将传统羊毛与高科技面料结合，通过毛皮处理和工业设计打造出既保暖又轻便的服装，赢得了市场的认可，有效传播了服饰文化。在设计思路上，为取长补短，服饰设计开始借鉴"藏式极简主义"，将藏族服饰中的简洁线条、几何形状与现代设计元素相融合。这种创新方式令人耳目一新，赢得了赞誉，也为藏族服饰文化的传播开辟了新的道路。通过传统元素的现代诠释，藏族服饰文化得以跨越时空，实现了民族的与世界的对话。

## 二、利用新技术提升服饰工艺

在藏族服饰文化的现代转型中，新技术层出不穷，既带来了对传统技艺的颠覆和革命，也带来了服饰制造的效率，可以说技术就是双刃剑，如何在这二者之间寻求一种平衡，是需要在实践中不断探索的。

随着科技的飞速发展，新兴纺织技术和面料制作技术等先进技术为传统藏族服饰的创新提供了无限可能。例如，设计师可以运用时代化，甚至是数字化的设计软件，精确复刻复杂的传统服饰图案和纹理，使得传统元素甚至是古老的元素在现代服饰中得到更精细地呈现。同时，结合智能材料，藏族服饰可以被赋予更多功能等，以适应现代生活的需求。

此外，通过引入环保工艺新技术有助于减少服饰制作过程中的污染。例如，采用绿色环保可持续的染色技术，既能保持藏族服饰独特的色彩，又能降低对环境的影响。在生产端，引入自动化生产线可以提高生产效率，降低人工成本，使得藏族服饰的生产更具产品的综合竞争力。

## 三、服饰品牌的培育与推广

在藏族服饰文化的市场化转型中，服饰品牌的培育与推广无疑也是一个很重要的工作，维护传统服饰品牌和培育新的品牌同等重要，传统品牌更趋向于手工和高端品质，维护传统服饰品牌建立独特的品牌故事和文化内涵是关键。深入挖掘藏族服饰的历史故事和象征意义，将这些文化元素融入品牌理念，让消费者在购买和穿着过程中感受到藏族文化的深厚底蕴。与当地手工艺人合作，保护和传承传统制作技艺，也能提升品牌的差异化竞争力和文化价值。新品牌更趋向于满足广阔的市场需求，可以借鉴现代企业的运营方式，努力提升品牌知名度和实用性，提高生产效能。二者各有千秋，互为补充。在推广策略上，可以借鉴"内容营销"的模式，通过制作关于藏族服饰文化的知识性内容，如纪录片、短视频、经典广告等，吸引和教育消费者。

此外，建立线上线下融合的营销网络也是必不可少的。开设体验店，让消费者能够亲自试穿和感受藏族服饰的魅力，利用电商平台进行便捷的销售，满足不同消费者的需求。例如，可以借鉴"新零售"模式，打造线上线下无缝衔接的购物体验，提升消费者的购买意愿和品牌忠诚度。

总的来说，藏族服饰品牌的培育与推广需要深入挖掘文化内涵，创新设计，利用多元化的推广策略，以及构建线上线下融合的销售网络。只有这样，才能在保持藏族服饰文化特色的同时，使其在现代市场中焕发新的生命力，实现文化的传承与创新并行发展。

## 四、服饰设计的创新

在藏族服饰文化的现代转型中，创新是推动其持续发展的重要动力。设计师们开始探索如何创新设计，创造出既保留藏族特色又符合现代审美的服饰。例如，藏族传统图案，如八吉祥图、云朵、雪豹等，相对来说受到了时代和宗教因素的影响，图案的种类还相对有限，而传统文化的宝库中，还存着大量其他元素的图案，挖掘整理这些领域的内容，并进行精心设计和故事讲述，能产生新的文化内涵，将其融入服装的剪裁和色彩搭配中，使传统文化的范畴进一步扩大。此外，运用新型材料和科技，如使用环保面料，结合智能穿戴技术，可以为藏族服饰带来全新的穿着体验。

## 藏族服饰文化的保护与推广

通过学习和了解藏族服饰文化，我们可以增强对藏族历史、文化、宗教等方面的认识和理解，培养跨文化交流和合作的能力。同时，藏族服饰文化的传承也可以激发年轻一代对传统文化的兴趣和热爱，培养他们对文化遗产的尊重和保护意识。

### 一、设立专项保护基金

设立专项保护基金是保护和发展藏族服饰文化的必要举措。通过公办民助模式，政府搭台并给予项目支持，吸引社会各界的捐赠和投资，形成专项基金。

基金的使用应侧重于以下几个方面：一是支持传统服饰制作技艺的研究与传承，资助技艺精湛的工匠进行技艺传承和创新工作；二是开展服饰文化的教育活动，提高公众对藏族服饰文化的认知和尊重；三是资助相关学术研究，深入挖掘藏族服饰的深层文化内涵；四是扶持创新型本土服饰品牌，通过资金支持和市场推广，使藏族服饰在现代市场中占有一席之地。例如，我们可以设立"藏族服饰文化复兴项目"，每年投入一定的资金，以确保传统服饰文化在新的历史时期得以延续和繁荣。

### 二、举办服饰文化节庆活动

在推动藏族服饰文化保护与推广的过程中，举办服饰文化节庆活动是一个可供参考的方式。如像举办赛马节那样举办"藏装文化节"和体验活动，不仅能够展示藏族服饰的丰富多彩，还能通过现场的服饰秀、手工技艺展示，让公众近距离接触和了解这一文化遗产。例如，我们可以邀请各地的藏族服饰制作大师，现场演示传统的编织、刺绣技艺，让观众在欣赏美的同时，感受传统工艺的魅力。此外，活动还可以设立互动环节，让参与者尝试制作简单的藏族饰品，增强体验感，使传统文化在互动中得以传承。

正如著名文化学者余秋雨先生所说，"文化是一个民族的灵魂，只有活态的传承，才能让文化永葆生机"。通过举办服饰文化节庆活动，我们不仅为藏族服饰文化提供了一个展示的舞台，更是在实践中激活了传统文化的活力，使其在与现代生活的交融中焕发出新的光彩。

### 三、通过影视作品传播藏族服饰

在藏族服饰文化的传播过程中，影视作品的影响也不可忽视。以电影《红河谷》为例，影片中对藏族服饰的细腻描绘，不仅展示了其独特的审美价值，也引发了观众对藏族文化的浓厚兴趣。电视剧《天路》通过讲述藏族人民生活的故事，将藏族服饰的地域特色和生活功能生动地呈现给观众，使更多人了解到藏族服饰的深厚内涵。这种视觉传播方式，突破了地域限制，使得藏族服饰文化得以跨越时空，触及全球观众，进一步推动了其在全球范围内的认知和传承。

### 四、建立服饰文化教育基地

在推动藏族服饰文化保护与传承的过程中，建立服饰文化教育基地的作用明显。这样的基地可以作为一个综合性的平台，集教学、研究、展示、创新、文化旅游于一体，为藏族服饰文化的传承提供有力支持。例如，可以设立专门的课程，教授藏族服饰的历史、制作工艺以及其

背后的象征意义，确保年轻一代能够深入了解和掌握这一文化遗产。同时，基地可以与当地社区、学校和企业合作，组织实践活动，让参与者在实践中学习和传承传统技艺。

一个运作良好的服饰文化教育基地每年可以培训数百名学员，通过他们将知识和技能传播到更广泛的社群。此外，基地还可以设立研究项目，对藏族服饰的演变、地域差异以及其在现代社会中的角色进行深入研究，为藏族服饰文化的创新和发展提供理论指导。可以邀请设计师和艺术家驻地创作，将传统元素与现代设计理念相结合，创造出既保留特色又符合时代审美的新服饰。

## 五、制定非物质文化遗产名录制度

在保护藏族服饰文化的过程中，制定非物质文化遗产名录制度显得尤为重要。这一制度旨在明确保护对象，确保其在历史长河中得以传承。例如，可以将具有代表性的藏族服饰种类、制作技艺、穿戴习俗等列入名录。通过这种方式，我们可以将诸如"藏式织氇氆技艺"等独特技艺，正式纳入国家和地方的文化保护体系，确保其得到应有的重视和资源支持。

在制定名录的过程中，应充分进行田野调查，广泛征求专家学者、社区代表的意见，确保名录的全面性和公正性。这些项目在列入名录后，其传承和传播将得到显著提升。此外，制度应包含动态更新机制，以适应社会变迁和文化创新的需求，使藏族服饰文化始终保持活力。制定名录制度的同时，还需要配套的法律法规，以防止文化遗产的商业化滥用和失真。例如，可以设定严格的使用许可和知识产权规则，保护传统服饰图案免受未经授权的商业利用。通过这种方式，藏族服饰文化将得到尊重，其在现代生活中的应用也将更加规范和可持续。制定非物质文化遗产名录制度，正是为了确保藏族服饰文化在变化中

保持其核心价值，同时在现代社会中找到其应有的位置和价值。

## 六、政策支持与法规建设

政府应出台专门针对民族服饰文化的保护政策，如设立专项基金，为传统服饰的保护、研究和创新提供资金保障。每年投入一定的财政资金，用于修复、研究和传承工作。

此外，制定和完善相关法律法规也至关重要。可以通过修订非物质文化遗产保护法，将具有代表性的藏族服饰样式和制作技艺纳入国家级或省级非物质文化遗产名录，确保其在法律层面得到保护。例如，可以参考《中华人民共和国非物质文化遗产法》，将传统服饰的制作技艺和穿戴习俗等纳入保护范围，防止其因现代化进程而流失。

总的来说，政策支持与法规建设是构建藏族服饰文化保护与推广长效机制的关键，需要从立法、资金、教育、产业等多维度进行系统性布局，以实现传统文化的活态传承和创新发展。

# 藏族服饰文化未来的发展趋势

## 一、传统工艺的现代化革新

传统工艺固然珍贵，但仍不避免地要随着时代发展出现革新。以藏族独特的织绣工艺为例，传统的手工织造技艺在历史上曾创造出无数精美绝伦的服饰，如著名的"氆氇"和"卡垫"。然而，随着现代生产方式的普及，传统工艺的制作效率低下和制作成本居高不下，加上传承面临着无人可传的境遇，这些技艺也面临失传或者走向纯粹现代化的风险。为了应对这一挑战，我们可以借鉴日本的"传统工艺现代设计"理念，将传统工艺与现代设计相结合，既保留其独特的艺术价值，又赋予其技术变革的生命力。例如，可以引入自动化和精密机械，提高织造效率，同时保留手工的细腻纹理，使藏族服饰在保持传统特色的同时，满足现代消费者对质量和效率的需求。

在环保理念日益深入人心的今天，传统工艺的现代化革新也应考虑可持续性。可以探索使用可再生或环保材料替代传统工艺中的部分原料，如采用有机棉或再生纤维，既保护了环境，又符合现代消费者的绿色消费观。同时，通过改进工艺流程，减少废弃物的产生，实现藏族服饰文化的绿色转型。

## 二、环保材料在藏族服饰中的应用

低碳环保观念的全人类认同，对服饰文化的材质选择提供了一个考验，绿色材料的应用成为一种新的发展趋势。随着全球环保意识的提升，

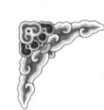

藏族服饰设计师们开始探索如何将可持续性融入传统服饰的制作中，他们开始采用有机棉、麻以及天然染料等环保材料，这些材料不仅减少了对环境的污染，还赋予了服饰更为自然和独特的质感。在藏族传统服饰中，绿色材料的使用可以追溯到古代，当时人们就善于利用周边自然资源，如植物纤维和天然染料。如今，这种传统与现代环保理念的结合，为藏族服饰带来了新的生命力。

在绿色材料的应用过程中，日本的"零浪费"设计理念可谓非常超前，为我们的服饰材质选择提供了一种新型思路，这种思路就是尽可能减少制作过程中的废料产生。通过精心设计和裁剪，他们将废弃物降至最低，甚至将其转化为新的装饰元素，进一步体现了智慧和创新精神。这种对资源的高效利用，不仅降低了生产成本，也提升了服饰的附加值，使其在市场竞争中更具优势。零浪费和绿色环保材质在藏族服饰中的应用，不仅是一种观念和技术上的革新，更是一种文化观念的更新。这体现出了藏族人民对自然的敬畏与和谐共生的理念，也展示了藏族服饰文化在新时代背景下与时俱进的活力。

## 三、个性化定制与设计

随着科技的发展，使得量身定制与设计变得更加精准和便捷。例如，设计师可以根据消费者的体型和喜好，为他们设计出独有的藏族风格服饰，这不仅满足了现代消费者对个性化表达的需求，也赋予了传统藏族服饰新的生命力。同时，通过大数据分析消费者的购买行为和时尚趋势，设计师可以更准确地预测和创新设计，以适应不断变化的市场口味。此外，电商平台的个性化推荐系统也为藏族服饰的个性化设计提供了广阔的空间。消费者可以通过在线平台，根据自己的喜好选择不同的图案、色彩和装饰，甚至参与到设计过程中，实现真正的"我的服饰我做主"。

## 四、建立全球视野下的本土设计

在藏族服饰文化的现代转型中，建立全球视野下的本土设计显得尤为重要。这不仅意味着将藏族服饰的特色与现代审美相结合，更需要在全球化的语境中寻找独特的设计语言。例如，设计师可以借鉴国际时尚趋势，将藏族服饰的色彩搭配、图案设计与国际流行元素相融合，创造出既具有藏族风情又符合现代审美的服饰。同时，可以参考著名设计师如亚历山大·麦昆（Alexander McQueen）的做法，将地方文化元素以现代手法重新诠释，使传统服饰在不失其本色的基础上，更具时尚感和国际影响力。

## 五、促进产业链的可持续发展

在藏族服饰文化的现代转型中，促进产业链的可持续发展至关重要。这不仅涉及保护和传承传统服饰工艺，还涵盖了创新设计、市场营销、环境保护等多个层面。例如，可以通过与当地手工艺人合作，建立公平贸易机制，确保他们获得合理的收入，从而维持这一产业的生命力。同时，引入现代设计元素和生产技术，如采用环保材料和绿色制造工艺，可以降低对环境的影响，实现绿色可持续发展。

借鉴国际成功案例，如意大利的高级定制皮革业，他们通过结合传统技艺与现代设计，成功打造了全球知名的高端品牌。我们可以学习这种模式，打造具有藏族特色的高端服饰品牌，提升产品的附加值，进一步推动产业链的升级。此外，利用电商平台和社交媒体进行推广，可以拓宽销售渠道，触及更广泛的消费者群体，增强藏族服饰文化的影响力和市场竞争力。

在政策层面，政府应出台更多支持措施，如提供税收优惠、创新基金等，鼓励企业进行研发和创新。同时，建立完善的知识产权保护制度，保护原创设计，激发产业的创新活力。教育方面，可以将藏族服饰文化融入学校教育，培养新一代的设计人才，确保文化的传承与创新。

## 六、保护与开发并重的策略制定

在藏族服饰文化的保护与开发并重的策略制定中，首要任务是找到一个平衡点，既能保持藏族服饰的原始魅力，又能使其适应现代社会的需求。

在开发过程中，应注重可持续发展，倡导绿色设计理念。鼓励使用环保材料，减少生产过程中的环境污染，同时，通过数字化定制，减少库存压力，实现资源的高效利用。例如，某藏族服饰企业就采用有机棉和再生纤维，既保护了环境，又满足了消费者对个性化产品的需求。

总的来说，保护与开发并重的策略制定，旨在构建一个既尊重传统又富有创新的藏族服饰文化生态，让这独特的文化瑰宝在新的时代背景下持续繁荣。藏族服饰文化的未来，将是在传统与现代的交织中，放射出更加璀璨的光芒。

## 七、传统与现代的和谐共生

在藏族服饰文化的现代转型中，传统与现代的和谐共生是一个重要的议题。藏族服饰以其独特的图案、色彩和工艺，展现了深厚的历史底蕴和地域特色。然而，随着全球化和现代化的进程，藏族服饰面临着文化同化、创新偏离以及服饰制作技艺流失等挑战。如何在保持传统特色的同时，适应现代审美和生活需求，成了一个亟待解决的问题。

在这一背景下，一些藏族服饰设计师开始尝试将传统元素与现代设计相结合，例如，采用现代材料和制作技术，对传统图案进行重新诠

释，既保留了藏族服饰的精髓，又赋予其新的生命力。例如，设计师卓玛在她的最新系列中，将传统的藏式花纹与现代剪裁技术结合，受到了国内外市场的热烈反响，这正是传统与现代和谐共生的生动体现。在保护与推广方面，政府和社区也在积极行动，通过设立专项基金、举办文化节庆活动、建立教育基地等方式，保护和传承藏族服饰文化。例如，西藏自治区政府设立了"藏族服饰文化保护项目"，旨在培养新一代的传承人，同时鼓励创新，使传统服饰在现代社会中焕发出新的活力。